国家水体污染控制与治理重大专项资助出版

罗岳平　著

HUANJING BAOHU CHENSILU

环境保护沉思录

中国环境出版社·北京

图书在版编目（CIP）数据

环境保护沉思录 / 罗岳平著 . -- 北京 : 中国环境出版社，2017.5
（2017.7 重印）
ISBN 978-7-5111-3122-5

Ⅰ . ①环… Ⅱ . ①罗… Ⅲ . ①环境保护—文集 Ⅳ . ① X-53

中国版本图书馆 CIP 数据核字（2017）第 061625 号

出 版 人　王新程
责任编辑　曲　婷
责任校对　尹　芳
装帧设计　彭　杉

出版发行　中国环境出版社
　　　　　（100062　北京市东城区广渠门内大街 16 号）
　　　　　网　　址：http://www.cesp.com.cn
　　　　　电子邮箱：bjgl@cesp.com.cn
　　　　　联系电话：010-67112765（编辑管理部）
　　　　　　　　　　010-67168033（监测与监理图书出版中心）
　　　　　发行热线：010-67125803，010-67113405（传真）
印　　刷　北京中科印刷有限公司
经　　销　各地新华书店
版　　次　2017 年 5 月第 1 版
印　　次　2017 年 7 月第 2 次印刷
开　　本　787×960　1/16
印　　张　19.25
字　　数　330 千字
定　　价　50.00 元

序

我国环境保护发展历程波澜壮阔，虽然目前的污染治理任务艰巨，但相比同一历史阶段的发达国家，我国政府对环境问题的重视程度前所未有，投入也是相当大的。在协调经济发展与环境保护矛盾方面，地方各级人民政府发挥主观能动性，成效逐步显现。在此期间，广大科技工作者建言献策，加紧科技攻关，以服务改善环境质量为己任，完成了大量的基础理论和实用技术研究，成果丰硕。

罗岳平同志是这个技术群体中的一员，作为省级环境监测站的站长，他在繁忙的行政管理工作之余，承担了大量的各级各类科研课题，特别是撰写观点文章，发表于《光明日报》《中国环境报》和《中国城市报》等报纸期刊，短短三四年时间，累计已达100篇，现分环境业务管理、环境质量管理和环境监测等八个板块集结成册，是一种有益的回顾性总结。

综观全书，作者的涉猎领域较宽，视野开阔。在环境管理方面，主张构建环保大格局，形成工作合力；对环境质量改善，强调落实属地责任；环境监测是作者最熟悉的领域，对建设生态环境监测网络有独特见解；此外，对环境科技、污染源监管、大气和土壤污染防治等都提出了很多有价值的认识。

习近平总书记要求，健全垃圾分类制度，加快建立垃圾分类处理系统，努力提升分类制度覆盖率，书中有 11 篇文章与此相关，体现了较好的前瞻性和实用价值。

这本书收录的文章都是原创性的，是作者多年以来思考环保问题的结晶，观点鲜明，文笔流畅。希望这本书的出版能引起读者的共鸣，深化对我国环保工作的认识，建成最广泛的环保统一战线。

是为序。

中国工程院院士
中国环境监测总站研究员

2017 年 3 月 16 日

目录

第二篇 环境质量管理 /43

第三篇 环境科技与标准 /61

第四篇　企事业环保 /87

第一篇

环境业务管理

环保合力何以形成？

罗岳平　廖岳华　梁　菁

　　环境保护部拟定的《环境保护公众参与办法（试行）》[①]日前征求意见结束。意见稿提出，公众可参与对可能严重损害公众环境权益或健康权益的重大环境污染和生态破坏事件的调查处理。这也是新《环保法》的配套文件之一。

　　公众是推动环境保护工作的重要力量，特别是一些民间环保组织和环保志愿者发挥着积极作用。在新《环保法》积极鼓励公众参与环境保护的新形势下，如何调动民间环保组织和环保志愿者力量，破解当前面临的环境污染难题，值得深入思考。

　　近年来，各种民间环保组织成长迅速，并以日益高涨的热情参与环境保护，成为环保工作的重要同盟军。民间环保组织起源于草根，熟悉当地环境情况。对于政府部门而言，壮大这支力量就如同为环境监管增加了无数敏锐的眼睛和负责任的哨兵，能够有效缓解环境监察队伍孤军奋战的局面。此外，面对广大群众，民间环保组织或志愿者具有天然亲和力，容易获得帮助并寻找到有价值的污染线索。因此，发挥好民间环保组织或志愿者的作用，能拓宽环保工作的视野和关注面，形成监督排污企业清洁生产的合力。例如，2011 年 9 月 17 日，一张湘江湘潭段重化工区排放红色污水的照片被环保志愿者"湘潭矛戈"拍摄并在网上公开，立即引起公众的关注，当地环保局迅速行动，

---

①　注：《环境保护公众参与办法》已于 2015 年 7 月环保部部务会通过，自 2015 年 9 月 1 日起施行。

造成污染的化工厂被责令关停。

然而，如果民间环保组织或志愿者工作不严谨，甚至被媒体、网络利用，将不实信息发布、扩散，也可能造成恶劣的社会影响。例如，2014 年 11 月，有环保公益组织对外披露"湘江流域重金属砷超标达 715 倍"的不实新闻，引起群众恐慌。

正反两方面的经验表明，民间环保组织和志愿者是环保监管工作重要的补充力量。然而，其作用是做加法还是做减法，取决于其工作的方式方法等一系列因素。在笔者看来，民间环保组织、志愿者和环保行政管理部门都以消除污染为己任，从不同的角度做同一份事业，只要形成良性互动，就可以取得事半功倍的效果。

环保行政管理部门与民间环保组织和志愿者可以达成一种默契：即民间环保组织或志愿者发现环境质量超标事实后，可以书面报告环保行政管理部门，由其督促下级人民政府实施综合治理；民间环保组织或志愿者发现企业违法排污，在确认证据后，可以将线索移交环境监察机构，由其及时办案。

此外，民间环保组织或志愿者在与排污企业作斗争时，必须坚持以务实、理性为工作基础，不断提高工作能力，增强政治意识和专业知识，尤其是在涉及复杂的调查取证过程中。否则，有可能被污染企业反诉，陷于被动。

总之，民间环保组织和志愿者与环保行政管理部门如何做好衔接，形成联唱，有很多经验可以总结，但有一条应该把握，那就是要同向发力，形成合力。民间环保组织和志愿者与环保部门都要强化沟通与协调，不断提升解决突出的环境问题的能力。

形成环保齐抓共管新局面

罗岳平　魏　綦　骆　芳

先说一个故事。在一个风景名胜区内有一塘清水，群众的期盼和领导的要求都是保证湖水清澈。但周边的生活废水要往里排，游人随意将垃圾丢进去，饲养观赏鱼要喂饵，周围喷洒的除草剂会流入，给树木施肥也带来氮、磷污染等。如果不从源头控制好，湖水变脏了，大家都会抱怨环保工作做得不好，甚至认为环保失职了。实际上，湖水环境质量恶化只是一个表象，污染的根子在岸上，并且涉及林业、农业、水利、住建等多个部门和公众参与。

笔者认为，如果不作深层次分析，凭直觉就把板子都打到环保局身上，不但解决不了湖水污染问题，而且由于污染来源没有被切断，水质会继续恶化，甚至变成黑臭水体。

环境保护是一项系统工程，涉及面广，建设和监管任务分布在很多职能部门。环境保护的结果是唯一确定的，但其实施过程却有赖于很多部门以及公众联动。环保法要求环保部门对此实施统一监督管理，在实际运行时，由于相关部门都是平等权力机关，协调效果不尽如人意。要破解这个难题，可以借鉴审计部门的经验。

审计部门统一监管财政资金的安全使用，但并不代替其他部门理财。资金下达到每个部门后，由各部门独立使用，并对资金使用的合理、规范性等负全部责任。审计部门起什么作用？一是形成制度层面的震慑；二是对某项具体的经济行为进行检查，就违反财经纪律的现象提出处理意见。审计部门

5

不从事具体的财务活动，但代表政府履行了对资金使用状况的监督管理职能。环保部门的工作性质基本相当。

笔者认为，很多具体的环保建设和监管任务分配到了各职能部门，应由其独立承担，不需要环保部门代替履职，而环保部门要像审计部门一样专项检查其他部门的落实情况。当然，与审计等部门不同的是，环保部门本身还承担一些项目审批、环境公益工程等经济建设任务。因此，环保部门的压力是双重的。既要履行监督管理职责，做好各种部门协调、业务指导工作，形成环保齐抓共管的生动局面，又要加强项目建设，促进经济发展。如何两条腿走路，同向发力，协调发力？这就要求各级环保部门一方面重视自身负责环保工作的完成，并通过示范引领，当好生态文明建设的排头兵；另一方面，在党委政府的统一指挥下，充分发挥联合督查优势，推动相关职能部门尽职履职。

垂管之下，市县环保局该如何转变？

罗岳平　鞠昌华　骆　芳

监察、监测通常会被认为是环境管理的两条腿，或谓鸟之两翼。监察、监测实行省以下垂直管理的改革思路明确以来，有些市、县环保局可能会有些担心，把这两块独立出去，会不会对环保工作带来影响？

垂直管理是党的十八届五中全会确定的重大环保制度改革，有利于增加环境执法的统一性、权威性和有效性，对克服地方保护主义和行政干预、提高环境执法的公平公正性和执法效力具有重要的现实意义。笔者认为，将监察和监测与市县环保部门剥离是必需的，现在不是讨论要不要动手术，而是应该考虑如何确定最佳的手术方案。将监察监测从环保局垂直出来是一台非常考验智慧和能力的精细手术，既不削弱局机关的工作能力，又要确保监察监测垂管后发挥预期作用。

在现行的属地管理体制下，地方环保局一方面因为职责所在，不得不踩着刹车；另一方面因为地方主要领导希望油门踩深点，GDP 增长速度更快点，甚至安排环保局招商任务，使得环保局在踩刹车与踩油门的博弈中进退失据，出现了"踩得住的坐不稳，坐得稳的踩不住"的窘境。但实际上，环保局的职能定位就应该是统一监管。《环境保护法》第 10 条规定："县级以上地方人民政府环境保护主管部门，对本行政区域环境保护工作实施统一监督管理。"因此，笔者认为，市、县环保局主要职责应该是做好生态环境事务的统一监督管理，这也是监察监测实行省以下分离垂管的重要认识基础。作为监管者，市、县局机关主要应该行使环保行政审批与监督权力以及开展综合协调工作，而监察监测只是其获得监管信息的渠道。

作为环保局监管工作的支撑力量，监察监测通过独立开展工作，将其收集到的信息反馈到局机关，再由局机关综合应用到决策管理中，从而有效提高监管工作的独立性，进而提高监管工作成效。并且正因为环保局的监管职能要求，需要环境监测和监察工作不受地方政府的干扰。

作为环境"护士"的监测工作，不能因为病人的不配合而受到干扰，应坚持一支体温计量到底。环境监察同样必须坚持"执法必严、违法必究"的原则，绝不能因为地方财税和 GDP 发展需要而网开一面。通过省以下监测监察的分离垂管，可以有效抵御地方保护主义的压力，以准确的监测信息和严格的执法监察，为各级环保行政主管部门提供更为准确的环境数据和更强的执法震慑力量。

环境监察、监测的剥离，将在一定程度上解决集体"改数据""捂盖子"现象。同时，也需要在新的框架下通过合理的事权安排与流转协作机制设计，减少因部门分离、沟通不畅带来的监管效率下降。

首先，加强监察监测机构的信息获取能力。在新的监督框架下，对监察监测专门的执法和监测信息获取能力提出了更高的要求。这就需要将一些过去不完全相关的业务剥离出去，保障监察监测工作的专业性，尽可能全面准确地收集执法和监测信息。

对环境监察队伍，要求整体业务全能化、个体业务专业化，形成对各类环境污染和生态破坏行为更全面、更精准的监察能力。加强日常监察强度，强化专项监察力度，有效提供辖区环境执法信息。对环境监测工作，要求形成全面覆盖的生态环境监测网络，加强监测能力建设，形成对各类生态环境要素的监测调查能力。提升环境质量监测、污染源监督监测和突发环境事件的应急监测技术水平和应用保障。

其次，加强监察监测机构的信息化水平。利用监察监测工作中获取的环境信息，构建高效的数据库，提升部门间信息共享水平。比如，通过环境空气质量信息的共享，确保环保局能够及时应对污染天气；通过水源地水质信息的共享，确保环保局能够及时开展水源地应急响应；通过污染源监督监测数据的共享，确保环保局能够及时对污染企业开展调查处理，在技术上强化监察监测工作对环境管理的支撑能力。

第三，强化新框架下监察监测与环保局工作之间协作机制。监察机构对发现的违法排污行为或其他线索，除法律法规安排属于监察机构可以直接处理的情形外，应进行同级流转，书面报告当地环保局，由其指定相应的内设机构研究，督促企事业单位整改或直接处罚。同时，报告直管上级。直管上级抽查涉事企事业单位的整改情况，督察下级环保局的响应情况，看是否存在不作为、懒政等情形。也就是说，垂直管理后，市、县环境监察人员按属地原则，分级分类履行监察职能。对发现问题线索负全部责任，然后移交到当地环保局处理，上级环境监察机构有权对处理情况进行督查。监察垂直后，发现案情与案件办理会形成分离的局面，有利于公正办案。但局机关要加强政策法制等内设机构的建设，并制订其与另外的内设职能机构会商定案的机制，是否合理、可行应进一步论证。

监测结果的流转与监察类似。对超标的环境质量数据，可能导致当地政府两种截然不同的反应。一种是正能量的，引起地方政府高度关注，安排资金，责成环保局牵头，其他部门配合，采取综合措施改善环境质量，从而发挥监测的问题导向作用；另一种可能是负能量的，把监测结果欠佳的压力全部传递给环保局，使环保局处境更为艰难，两头受压。环境质量由地方人民政府负责，而不是由环保局负责，但在实际工作中，政府责任经常不自觉地异化为部门责任。对此，一定要依法扭转。环境质量恶化了，环保部门可以通过监测等手段发现并查明原因，但需要地方政府统筹经信、住建、国土、农业等部门的力量打攻坚战，环保部门没有能力发现问题又独自解决问题。监测垂直管理后，环境质量监测事权将上收到上级监测机构，为及时应对环境考核压力，环保局应就重要环境质量问题及时向地方政府作专题请示，并将监测报告附在其后，促使地方政府更主动地作出反应。

监察监测垂直管理后，工作内容和方式并没有发生变化，只是管理体制有调整。无论怎样改，监察监测都是为环境管理服务的基本支撑力量。面对这种转变，各方面都有一个适应和完善的过程。改革有利于强身健体，需要正确看待，并充满信心。

提高乡镇环保机构执行力

罗岳平　张　晋

乡镇环保机构是环境管理体系向基层的有益延伸，其设置规模应与所在乡镇面临的环保压力相适应。

在中西部地区某些县，县环保局已能完成县域内的全部环保任务，机构就没有必要再往下分设。但在沿海地区，有的乡镇拥有大量工业企业，县环保局需要乡镇环保机构辅助开展大量管理工作，则应该配置相应的设备和人员。由此可见，乡镇环保机构有无必要设置，完全取决于县环保局的履职能力，存在真空地带则可将环保力量进一步下沉到乡镇一级。

乡镇环保机构在工作上是执行性质的，主要解决环境管理"最后一公里"的问题。也就是说，受人手不够和县域面积广大等因素影响，县环保局的管理不能实现全覆盖，需要通过设立乡镇环保机构，将触手再延长一节，从而使管理决策能完全执行到位。对乡镇环保机构，主要是增强执行力，把县环保局在管理方面的安排扎根到广大农村，全面操作起来。农村环保工作有鲜明的地方特色，乡镇环保机构应在工作方式方法方面多作探索和实践。

在乡镇，污染主要来自工农业生产和农民生活。工业污染是县环保局的监管重点，沿海地区可能要将部分日常监督任务下放到乡镇。农业生产污染治理由农业部门指导，"清洁农村"计划涵盖了回收农药瓶和地膜、减少化肥施用等内容，且农业系统有完善的农村管理网络，因此，就农业生产污染治理而言，可协调农业部门开展主要工作。农村生活污染比较严重，很多生态建设的主阵地也摆在农村，应作为乡镇环保机构的中心工作。

乡镇环保机构要像农业科技推广站一样，成为农民生产生活中的一部分，通过乡镇环保人员的教育、示范带动和督促，使农民形成良好的环保习惯，消除"垃圾围村""有水必污"等环境问题。

乡镇环保机构是环境管理体系的神经末梢，最接地气，而且直接影响农民的环境意识，要按有所为有所不为的原则，确定其工作板块，估算任务量，合理配备专职或兼职人员，将环保理念和行为在广大农村推广开来。

发挥好责任清单作用

罗岳平　冯　靖

近期，很多省级人民政府已发文确定环保责任清单，涉及发改、财政、教育、科技、农业和国土等 30 多个部门，内容全面，但体系也比较复杂。其目的就是要推动政府各部门齐抓共管环保工作，促进环保部门履行统一监督管理责任。

经济发展和环境保护始终是矛盾统一体，为保持两者之间的合理平衡，政府以什么样的力度抓经济发展，相应就要以同等力度重视环境保护。如果缺乏这种系统思维，合理的平衡就有可能被打破，甚至带来不可逆转的损失。当经济建设任务分配到政府各部门，与之相伴的环境保护责任也要对应地划转过去。各省级人民政府发布的环保责任清单是健全环境保护责任体系的制度保障，既细化了责任分工，又进一步明确了法律上模糊、"三定"方案界定不到位或职能有交叉的部门职责，受到社会各界的广泛认同。

好的制度设计要发挥出效力，一是应受到各方面的重视；二是要优化落地方案，使制度具有可操作性。相关环保公职人员要清楚所担负的监督责任，企业要了解在哪个职能部门的指导下开展规定的环境保护工作，群众要掌握投诉渠道并监督治理效果。只有将环保责任清单向这三类主体宣贯到位，才能为环保责任清单的后续执行奠定基础。这种观念转变并非简单发个文件就能实现，需要创新宣传模式。比如，可制作手册或版画，以群众日常生活中常见的环境问题为核心，简要介绍污染来源、环境危害、监管部门、防治措施、

13

效果评估等信息，使群众清晰地了解到谁是责任部门，排污企事业单位或其他生产经营者应如何防治此类污染，从而方便群众投诉和参与监督。

环保责任清单列出的是政府部门间的职能，明确了监督主体。但防治污染的主体责任要传递到排污企事业单位或其他生产经营者，他们才是消除环境污染的关键。比如，据报道，不久前河南省安阳市副市长带队检查城区建筑工地扬尘防控情况，同样被企业拒之门外半个多小时。由此可见，环保方面的执法环境并不理想。不管是哪个部门到现场履行监督职责，都会遇到困难和阻力。这就要求形成环境执法合力，通过部门联动，使排放污染物的企事业单位或其他生产经营者看不到任何可乘之机，认识到只有精心治理到位才有出路，从而下决心增加环保投入，提高清洁生产水平。

良性运转的环境治理体系首先要靠企事业单位和其他生产经营者的行为自律，自觉降低对环境的影响；其次，有赖于政府负有环保监督职能的各部门正确履责，分头控制好各领域的环境风险；最后，要发挥好群众的积极性，通过"随手拍"等监督形式，创新环境监督手段，激发群众的环保热情。

提高环保问责的公平性

罗岳平　潘海婷

在生态环境保护领域的问责，环保干部容易被误伤，究其原因，主要是群众对政府职能分工了解不深入、不全面。凡是与生存环境相关的，比如扬尘、垃圾、噪声等污染都认为应该是环保局承担，出现这类问题，理所当然想到是环保干部失职渎职了。

实际上，政府工作部门的职责是法律规定的。以扬尘和垃圾处理为例，2016 年修订的《中华人民共和国大气污染防治法》第 68 条规定，住房城市建设、市容卫生、交通运输、国土资源等有关部门应当根据本级人民政府确定的职能，做好扬尘污染防治工作。该法第 5 条也明确规定，县级以上人民政府其他有关部门在各自职责范围内对大气污染防治实施监督管理。

从部门规章看，2011 年修订的《城市市容和环境卫生管理条例》第 16 条要求，施工渣土应当及时清运，临街工地应当设置护栏或者围布遮挡；停工场地应当及时整理并做必要的覆盖；竣工后，应当及时清理和平整土地。关于其管理责任，该条例第 4 条明确为省级城市建设行政主管部门和城市人民政府市容环境卫生行政主管部门。该条例第 23 条和第 28 条则规定，居住区、街巷等地方，由街道办事处负责组织专人清扫保洁；城市人民政府市容环境卫生行政主管部门对城市生活废弃物的收集、运输和处理实施监督管理。

由此可见，环保是个大概念，其内涵不仅丰富，而且渗透到社会的各个方面。为提高环境管理成效，必须全面梳理政府各个部门应承担的责任，分头实施。只有每个音符都按声部弹到位了，组成的乐章才完整完美。湖南省、福建省等省（区）人民政府都已出台环境方面的责任清单，这就是组织环保大合唱的基本遵循，发生环境事件后，对照清单检查，哪些部门履职或失职了，清晰可见。

提高环保问责的公平性，就是不能算糊涂账。环境方面的问题，责任分布在哪些部门，要以各省《生态环境损害责任追究实施细则》为标尺，一一摆出来。按数量多少、情节轻重，各追其责，而不是简单粗暴地指定谁就是谁。问责要以事实为依据，以法律、法规为准绳，避免长官意识或从众心理。就政治文明而言，公平公正是其基本特征和要求。

环境执法责任亟待细化

鞠昌华　罗岳平

　　《环境保护法》实施以来，我国环境执法得到前所未有的加强，有力打击了环境违法行为。但与此同时，不断拓宽的执法领域、日益繁重的执法任务也使广大环境执法人员面临巨大挑战。特别是近年来随着环境违法事件处罚增多，相关环境执法人员被查处的案例也时有曝光。对此，有部分环境执法人员认为缺乏安全感，甚至产生消极情绪。

　　当前，全国有 6 万多名环境监察人员，要面对数百万家工业企业的现场检查、30 万多家企业排污费申报和收费工作、1 万家国控企业在线监控数据的现场核查、16 万余件信访投诉案件的现场调查和 7 万多件环境行政处罚案件的调查取证任务，此外，还要负责大量环境污染和生态破坏纠纷的调处工作。如何在压力和挑战并存的情况下，尽职尽责完成好各项执法工作，切实推动环境质量根本改善？笔者认为，当前，亟待细化环境执法责任，保护好环境执法队伍工作积极性。

　　首先，科学界定职责范围。要制定好具体细则，厘清环境监管职责边界，明晰尽职界限。建立环保部门责任清单，明确环保部门与其他政府部门和被执法企业的责任界限。比如，地方党委和政府应对环境质量负责，要深入推进"一岗双责"。同时，明确住建、规划、经信、水利、农业等部门环保工作责任。环保部门应负的是监管责任，而排污企业应负的是主体责任。对存在职能交叉的工作，要结合相关部门的工作职责及特点，本着有利于整体协

17

调的原则，明晰履职边界，减少扯皮。

由于一些环境事件的不可预见性，可能会发生环保部门在尽职后仍然发生环境事件和生态环境质量波动的情况，因此必须完善相关制度。有些是企业干扰、存在不可抗力、抽查规律本身缺陷等原因造成的，对于这些情况，应实事求是地予以认定。一方面，要在环保部门内部建立起"定责、履责、问责"体系。另一方面，应会同监察部门，依据环境管理工作特点、部门责任清单和监察执法技术规范等，制定《环保部门职责履行及履职免责办法》，保护环保队伍的工作积极性。

其次，合理配强监察执法力量。许多违法问题未能及时发现与监察执法能力不足有直接关系。应结合省以下环境监察机构垂直管理改革，完善设备配置，全面开展技能培训，走出基层环保部门废气靠闻、废水靠看、噪声靠听、废渣靠摸、执法靠说的窘境。同时，通过"双随机"等手段提升监管效率。受当前人力、物力等客观条件限制，部分地区的监察执法工作无法全面覆盖，应以"双随机"等办法提升监管效率，从而使有限的监察执法力量最大限度地提升执法覆盖和加大震慑力度。

第三，提高监察执法工作的科学性和规范性。科学制定监察管理计划，根据本地区环境保护工作任务、污染源数量、类型和《环境监察办法》等规定规范，考虑客观条件，将工作任务落实到责任部门和责任人，并细化工作要求和进度安排。要规范监察执法流程。依据《环境监察办法》等规定和技术规范，规范监察执法的检查、处理流程，以流程保障执法的全过程步骤不遗漏、部位全覆盖、事项全检查。

比如，监察执法人员每一次现场执法都要有文字记录、照片或录像，做到现场有笔录、发现问题有处理意见、处理有结果、笔录有签字，工作的每一个步骤和环节都留有痕迹。再比如，可参考司法案件领导干部干预记录留底经验，在查处环境违法企业时，如遇到外部或内部干预，在执法案卷中留下干预痕迹证据等。

第四，加强内部稽查和外部监督。要结合省以下环境监察机构垂直管理改革，加强上级机构的指导，强化对下级机构的稽查管理工作。及时对不合规的监察执法行为提出稽查整改意见，通过内部纠错机制的建立健全，规范监察执法行为，避免问题最终爆发后被追责。要通过信息公开规范监察执法工作。通过公开重点监控企业名单、排污费征收、行政处罚等执法信息，或主动邀请媒体和公众参与环境执法，可有效规范监察执法自身的工作，有利于公众更好理解、支持环境执法工作，减少社会上对环境执法工作存在的误解，减轻环境事件发生后的舆论压力。

第五，逐步推广环保部门法律顾问制度。目前，一些地方环保部门已经建立法律顾问制度，通过这一制度的实施提高了监察执法前期预防、中期监督、后期保护水平。但总体上，我国地方环保部门法律顾问制度建设仍较为滞后。因此，应加强法律顾问制度建设，在前期加强对监察执法人员的法律教育，并直接参与到年度监察工作计划中，做好相关法律审查，避免法律风险；中期参与到对监察执法行为的监督工作中，必要时提出整改意见；后期加强对监察执法人员的法律保护，参与到履职监察执法人员被追责时的法律意见及辩护等工作中，维护监察执法人员的权益。

区域排污许可制度探索要保证科学性

鞠昌华　罗岳平　李启武

河南省政府印发的《河南省排污许可管理暂行办法》（以下简称"暂行办法"）将于 2016 年 8 月 1 日起施行。按照暂行办法规定，河南省排污许可事项包括排污口位置和数量、排放方式、排放去向，排放污染物种类、许可排放浓度、许可排放量和最高日允许排放量，以及生产工艺、产排污环节和污染治理设施等。

河南省暂行办法对排污许可事项进行了明确细致的规定。当前，各地正在积极制定区域排污许可，很多地区仍处于探索阶段。笔者认为，以排污许可为固定点源环境管理的核心制度，整合衔接了现行各项环境管理制度。实行排污许可"一证式"管理，有利于提升环境治理能力和管理水平。但区域排污许可制度的制定必须精准、精确、精细，要保证其科学性，才能通过排污许可规范区域污染物排放管理，切实改善我国环境质量。

一是精准定位。在制订排污许可区域方案时，要坚持共同而有差别的责任分担原则。这一原则也是我们在国际上气候变化谈判中的基本原则。要在实现环境质量改善目标的同时，切实维护地区间环境与发展公平。

我国国土面积辽阔，跨不同生态区和经济区，不同区域的环境质量差异巨大，区域的污染物可排放阈值也不一样。有的区域已严重超负荷，有的区域基本平衡，还有的区域则尚有余量。因此，区域污染物排放总量的削减要针对不同地区的环境质量现状、经济发展状况等，因地制宜、科学制定排污许可区域方案。在发达地区，已基本到达环境库兹涅茨曲线的拐点，公众环境质量要求逐步提高，同时其污染物基数大，宜提升区域污染物排放总量的削减水平；在污染严重的地区，环境质量改善需求迫切，宜分阶段、有步骤地安排区域污染物排放总量的削减；在经济欠发达区域，工业基础差，污染物基数较小，为了促进其发展不宜做同样的减法。比如，有的地区工业基础较差，依靠旅游业为主要经济支柱，这样的地区就不适合继续做减法。

二是精确减排。我国环境状况复杂，各地区的排污许可区域控制任务不尽相同。区域排污许可管理中究竟要减什么指标、怎么减，各地应根据自身环境状况自主把脉。区域排污许可管理与地区污染物存量、减排潜力、环境质量现状等因素密切相关，其执行依赖于对地区实际情形的把握。要理清是什么因素导致本地环境质量恶化，确定区域控制目标污染物，锁定区域性的控制目标并开展有针对性的治理。

比如，有的区域环境空气中的 SO_2 和 NO_x 浓度明显低于标准，却依然是主要受控污染物，而对首要污染物 PM_{10} 和 $PM_{2.5}$ 却没有提出控制要求。再比如，一些大型河流的 COD 一直达标却始终是受控指标，而对危害严重的重金属污染物却没有提出控制要求。这些都是粗放管理方式的表现。对此，应通过区域排污许可控制指标的科学选择，以精细化环境管理提升管理成效。此外，还应依据区域环境风险特征确定区域排污许可控制指标，根据区域环境质量现状、环境质量目标、环境管理能力、环境治理的经济能力，以及区域自然环境特征，科学计算各控制指标的指标量，切实提高区域排污许可控制的科学性和权威性。此外，要在区域内以行业为单元计算排污控制潜力，设计总体控制方案。依据原核定污染物排放总量、产值规模、生产工艺及污染治理措施等确定核发各企业排污许可证。

三是精细考核。要规范区域排污控制考核方法，重点考核工程或管理措施，这是完成区域排污控制任务的重要载体。建设、验收资料要完整，现场管理要规范；要以工程或管理验收为基础，计算所有工程或管理措施产生的减排量，核算成本区域的削减总量；要对工程或管理措施产生的直接环境效益进行评估。

　　区域排污控制是靠工程设施或管理改进实现的，要合理确定区域排污控制考核方式。按一定原则选择考核重点区域，以问题为导向，盯紧环境质量差、污染物排放总量大、污染企事业单位集中和数据存疑等类型的区域。相反，环境相对安全区域就可不用过多浪费督察资源。要以污染物削减项目现场检查为主，项目建成并运行才认可其产生的减排量。

　　正确的理念和科学的路径是相辅相成的。应充分发挥排污许可制度的核心作用，科学设计区域排污许可制度，精准发力，改善环境质量，保障公众环境权益。

实施排污许可证要抓住关键环节

罗岳平　黄东勤

国务院办公厅 2016 年 11 月 21 日印发的《控制污染物排放许可制实施方案》，对开展企事业单位排污许可证管理进行了全局性和系统化的安排。改革后的排污许可证是每个排放污染物的企事业单位必须持有的"身份证"，政府管理部门要依据这个"身份证"监视企事业单位在环保方面守法生产，企事业单位也要按照排污许可证规定的事项控制好排放污染物的种类、浓度和排放量，社会则对照排污许可证开展监督工作。

由此可见，排污许可证是围绕排放污染物的企事业单位开展环境管理的最核心制度，是排污单位守法、管理部门执法、社会监督护法的基本依据。

排污许可证在本质上约定了每个企事业单位的污染物排放上限及排放方式。实行一企一证后，企事业单位的排污行为必须符合排污许可证的要求，而大家都这样做后，区域性的环境质量良好就能得到保障。从理论上讲，排污许可证是基于环境容量的排污权分配，如果不严格执行排污许可证制度，在那些固定源污染占污染绝对多数且污染物排放量已接近承载力上限的地方，任何一个企事业单位都有可能成为突破环境质量承载上限的最后一根稻草，带来恶劣的社会和环境影响。而对于污染物排放量已经超过承载力上限、环境质量不达标的地区，应当通过排污许可证管理明确每个相关的企事业单位污染物排放削减的任务，给企业明确预期，倒逼转型升级或引导其退出。

建立排污许可证制度是开展源头严防的控制性工程，要坚定统筹规划、全面推进的信心。然而，对其中的关键环节，要有清醒、客观的认识和分析，只有形成完整的工作流程，并且科学确定核心许可指标，才能保证这项制度有序运行，发挥良好的约束作用。

首先，要对排污许可证的内容进行系统设计。作为反映企事业单位排污概况的"身份证"，要通过其了解该单位的总体面貌，因而"身份证"信息不能太简单，但也不要一开始就特别复杂，要先易后难、逐步完善，既要防止"一证式"变为"一张纸"，也要避免"一证式"变为"一筐式"。对于应纳入排污许可证的信息，要逐条筛选、优化，并按逻辑关系适当排序，从而实现只要查询排污许可证，必要信息就可一览无遗的效果。此外，可采取主页与附件相结合的方式。与其他行政许可相比，排污许可证可能包括了更多的基础信息，核心信息可在主页上体现，其他内容则在附件中载明。

其次，准确核定污染物排放水平，许可其排放地点和方式等。排污许可证制度难在污染物排放量的核定，尤其要将环境质量标准与区域排放量有机结合起来，使区域环境能够承受许可的污染物总量。核定每个企事业单位的污染物排放量是技术性很强的工作，既要发挥排放标准、环评的作用，也要结合当地改善环境质量的需求，提高排污许可工作的科学性、权威性和实效性，并且能为各方面接受，具有较强的可操作性。

第三，强化排污许可的法律约束。排污许可证是企事业单位的守法文书，是其在组织生产过程中不可逾越的红线。每个企事业单位获得的排污许可量，都是通过精细测算后确定的，如果不能持之以恒严格执行，杜绝间歇式排污行为，保证企事业单位始终"我要守法"，必然降低许可证制度的实施效果。因此，要动员各种有生力量，督促、引导企事业单位尊重排污许可证制度，自觉控制污染物排放量，实现生产发展、环境良好的目标。要建立负面清单，严惩违反排污许可证制度的行为，使失信者处处受限，从而形成全社会都推崇排污许可证制度的氛围，真正实现对排污企事业单位的一体化管理。

第四，加强配套制度的设计。排污许可证制度是非常成熟而且被国外实践证明是行之有效的基本环境管理制度，但其落地是一项系统工程。因此，要认真开展全流程分析，及时发现并补齐短板，为这项制度的顺利实施提供各种政策、资金、技术等方面的保障。

发挥监测基础作用
推动企业信用体系建设

罗岳平　鞠昌华

　　环境保护部会同国家发展改革委、中国人民银行等 31 个部门于 2016 年 7 月 20 日联合印发《关于对环境保护领域失信生产经营单位及其有关人员开展联合惩戒的合作备忘录》（以下简称《备忘录》）。这是环保领域贯彻落实党中央、国务院关于建立和完善失信联合惩戒机制，加快推进社会诚信建设的一项重大举措。这个《备忘录》以部门协同、信息共享和联合惩戒为特点，通过构建政府、社会共同参与的跨部门、跨领域的失信联合惩戒机制，提高企业环保自律、诚信意识，营造良好的环境守法氛围。

　　环境信用体系的构建有利于提高企业的环保自律和诚信意识，督促企业主动履行环保法定义务和社会责任，并相应降低监管成本。近年来，我国对构建环境信用体系十分重视。早在 2013 年 12 月，环境保护部就联合国家发改委等 4 部门印发《企业环境信用评价办法（试行）》（以下简称《评价办法》），为环境信用体系提供了评价技术。2015 年 12 月，环境保护部再次联合国家发改委发布《关于加强企业环境信用体系建设的指导意见》（以下简称《意见》），指导各地方加强企业环境信用体系建设，促进有关部门协同配合，加快建立企业环境保护守信激励、失信惩戒的机制。

　　环境监测是反映企业环境信用评价状况的重要来源。按照《评价办法》，企业环境信用评价应当以环保部门通过现场检查、监督性监测、重点污染物总量控制核查，以及履行监管职责的其他活动获取的企业环境行为信息为基础。可以说，针对污染物排放状况的监测数据是企业守法生产的最直接依据，也是企业环境信用评价的基石。不掌握企业真实的环境监测信息，环境信用体系就很难有效推进。

　　为此，当前要积极发挥环境监测的基础作用，以环境监测工作推动企业环境信用体系的扎实构建。

　　首先，企业自行监测要常态化、规范化。要保障环境安全，企业一方面要精心运行污染治理设施；另一方面，要按照技术规范开展自行监测，用数据确保污染物排放符合环境管理的要求。环境监测数据如果不全面、不完整，就根本无法判断这家企业的环境安全性，当然这家企业也没有环境信用可言。这就要求企业科学确定自行监测的指标选取、监测频次，规范选择监测设备，常态化开展自行监测，积极、全面地公开监测信息等。

　　其次，加强对企业的监督性监测。要抓住重点。将污染物排放量大的规模企业、重污染行业企业、使用有毒有害原料或生产过程中排放有毒有害物质等环境风险高、生态环境影响大的企业等重点污染源，优先纳入环境信用评价的监督性监测范围，以保障环境的基本安全。要抓住难点。突出对实施生活污水、工业废水、工业废气、工业固体废物、重金属污染治理等的第三方专业治理机构运行维护设施开展监督性监测。受委托的第三方专业环境污染治理机构通常具有较强的环保专业技能，而如果其存在环境违法行为，必然也更为隐蔽，因此要有针对性地开展监督性监测。要抓住疑点，加强对公众较为敏感、有疑虑的企业，尤其是垃圾焚烧厂等敏感邻避设施的监督性监测，以回应公众关切，促进这类企业的健康发展。

　　第三，开展差异化的监测管理。因企施测、采取有差异的监测方案，是对环境信用评价结果的科学运用，体现出奖惩分明的原则。对环境诚信企业、环境良好企业、环境警示企业和环境不良企业，或者绿色、蓝色、黄色、红色等企业，要制定有区别的监测管理措施。绿色企业可适当降低其监督性监测频次。与此同时，要重点加强对环境失信企业的监测管理，尤其是对在监测过程中篡改、伪造监测数据的失信企业，不但要求企业增加自行监测频次，加强对其在线监测系统的监管力度，还要提高不定期监督性监测的频次，压缩、杜绝其监测数据造假的空间。

第四，进一步加强环境监测信息公开。公开是最好的防腐剂，将必要的环境信息公布于众，吸引多元监督力量的目光，则污染企业无处遁形。要完善环境监测机构的信息化建设和管理，打造良好的环境监测信息公开平台。一方面，环境监测信息公开可以为环保行政主管部门及时开展企业环境信用评价提供基础资料，进而通过环保行政主管部门与其他相关部门的信息共享，促进开展联合惩戒；另一方面，为社会诚信评价机构提供信息，从而有利于建立起更加系统、多元的环境信用评价体系，助推我国环境信用评价体系的健康发展。

最后，加强环境监测机构的自身信用建设。开展环境监测是对企业排污状况的客观审视，监测机构的信用水平如何直接决定了监测结论是否可信、企业环境信用评价是否可靠。这就要求加强环境监测机构的自身信用建设，建立对社会环境监测企业的信用评价制度。各级环保部门应当根据《意见》精神，开展对社会环境监测机构的信用记录。将弄虚作假、篡改或者伪造监测数据，严重失信的社会监测机构列入黑名单，并与其能否继续提供政府购买环境监测服务挂钩，严重者需报相关部门并吊销其监测资质。对信用等级高的社会监测机构，优先向排污企业推荐，由其承担企业自行监测、环境管理体系认证和清洁生产审核等监测服务。各级环境监测机构也要更加重视监测质量管理，特别是地方环境监测机构应当结合省以下环保机构监测监察执法垂直管理改革，健全质量保证体系。

总之，只有积极发挥环境监测的基础性作用，以监测推动企业环境信用体系的扎实构建，才能真正发挥《备忘录》的成效，为我国开展高效环境监管提供有力的技术支撑。

结果严惩是诚信建设关键

罗岳平　彭庆庆　易　颖

　　国家工商总局 2016 年 10 月曾对 497 批次网络交易商品进行质量专项抽查，结果表明总体不合格商品的检出率高达 34.6%，也就是说每网购 3 件商品，其中就有一件是质量不合格的。产品质量是企业诚信水平的最直接体现，由此反映出来的现状显然不容乐观。

　　不单单是工商领域，事实上，包括环保在内的很多领域都存在较多的失信现象。为加强环保领域的诚信体系建设，2016 年 7 月环境保护部会同国家发改委、中国人民银行等 31 个部门联合印发《关于对环境保护领域失信生产经营单位及其有关人员开展联合惩戒的合作备忘录》。2016 年 9 月，中办、国办印发《关于加快推进失信被执行人信用监督、警示和惩戒机制建设的意见》，明确了 11 类惩戒措施 100 余项惩戒手段，从政治待遇到社会荣誉、从消费领域到刑罚力度等多个角度，构建起联合惩戒失信行为的立体限控体系。

　　诚信是社会和经济可持续发展之本。我国在诸多社会领域有较多失信现象的存在，笔者认为主要原因是有关部门的惩戒不到位。失信者最初大多心存侥幸，如果其不当行为未被察觉或没有受到相应处罚，则其藐视社会规则的欲望越发被激发，越加膨胀。这种行为表现往往具有"传染性"，容易导致集体失范，严重影响社会风气。

　　为此，要加强环保信用体系建设必须坚持两手抓。一手抓教育和正面引导，树立诚信标杆，用先进典型带动企事业单位达标排放，争创环境友好单位。另一手抓失信惩戒，只有让环保违法企业"一处失信，处处受限"，在体制机制上使环保失信企业付出沉重代价，精准打击失信行为，制度建设才有权威和制约作用可言。例如，湖南水利系统拟对市场主体实行红黑名单管理，凡纳入诚信红名单的，在全省范围内给予实行优惠待遇、简化监督管理、优先推荐晋级等联合激励措施；而对纳入失信黑名单的，采取实行市场禁入、从严核查资质、禁止评先评优、列入重点监管等综合惩戒措施，这样就发挥了两手抓的效果。对此，环保系统也可以加以借鉴。

结果严惩是建设环保诚信体系的关键。发现某些企业或个体失信后，有关部门要全方位、高强度惩戒这些"老赖"，压缩其生存空间，使其寸步难行，这样才能弘扬正义，使诚信回归为社会的基本特征。面对全覆盖、无缝隙的诚信约束体系，要让失信者畏惧，觉得无路可逃、无利可图时，主动失信的行为才会从根本上得到遏制。值得注意的是，优化干事创业环境是要毫不犹豫地全面取消各种不合理负担和过度干预，但不是放松对单位和个人的基本要求，不能以减负的名义使企业及其负责人不履行正常义务。

对失信者的惩戒要形成合力。诚信建设不能仅仅停留在企业或个体良心发现等道德层面上，更要依靠严密的制度和技术手段来管理诚信表现。信息公开是开展诚信建设的有效途径，应以单位或个体为中心，设计在环保等领域的失信记录板块，各管理部门分别录入相关信息。只要点击这家单位的名称或个人姓名，所有失信记录都能展示出来。这就会使失信者感受到巨大的压力。通过这种技术进步，将使失信者在社会上难以立足。

环保失信产生的危害后果十分严重。当前，应加大对企事业单位的诚信宣传，使其了解国家在社会治理体系建设方面发生的转变，减少因失信而带来的损失，实现健康发展。

从安全生产管理经验中借鉴什么？

罗岳平 曾 钰 陈 阳

安全和环保是关系企事业单位发展的两大关键问题。很多企事业单位都认识到安全与环境问题的重要性，成立了安全生产与环境保护部门以协调相关事宜。环境保护与安全生产在很多方面是相似的，这两方面都是企事业单位生产经营不可逾越的底线，因此，对这两件事的管理应该互相借鉴、相互促进。

修改后的《安全生产法》从 2014 年 12 月 1 日起施行，共七章 114 条，脉络清晰。安全生产，重在理清政府、生产经营单位和从业人员三者的责任和关系。《安全生产法》以各责任主体为单元设置法律条款，将每类责任主体应尽的义务在一个章节内全面、系统地予以阐述，权责规定明确，便于各相关人员查找。

《安全生产法》坚持安全第一、预防为主、综合治理的方针，明确要求"强化和落实生产经营单位的主体责任，建立生产经营单位负责、职工参与、政府监管、行业自律和社会监督的机制"，并强调"生产经营单位的主要负责人对本单位的安全生产工作全面负责"，规定"生产经营单位必须执行依法制定的保障安全生产的国家标准或者行业标准"，"不具备安全生产条件的，不得从事生产经营活动"。同时，还提出了安全生产资金投入要求，对必需资金投入不足导致的后果由生产经营单位承担责任，安全生产费用应在成本中据实列支。生产经营单位对重大危险源应当登记建档，定期检测、评估、监控，并制定应急预案，还要按要求向有关部门备案。

《安全生产法》对监督管理的规定也有很多亮点，如分类分级按年度计划监督检查；审查、验收不收取费用；对发现的重大事故隐患，生产经营单位拒不改正，有发生生产安全事故的现实危险的，可采取停止供电等强制措施；建立安全生产违法行为信息库，情节严重的向社会公告，并通报有关部门等。

从某种意义上讲，控制污染也是安全生产的一个方面。污染物进入环境，带来人身伤害或财产损失，是企事业单位生产不安全的一种表现形式。督促企事业单位抓好环境保护，就要像《安全生产法》一样，集中向企事业单位交代清楚必须做好哪些事。安全生产来不得半点虚假，否则就会酿成责任事故，这就决定了《安全生产法》要将实用性摆在首位。环境保护同样如此，污染治理要靠工程措施，生态建设要以项目为载体，因此，不管是法律还是政策规定，也要任务明晰，责任明确。

首先，环境保护既有点的问题，又有面的问题。安全生产主要是点的问题，相对于安全生产有限的从业人员，环境保护涉及的群众面更宽，如提倡每个人要低碳、绿色生活等。企事业单位的环境保护工作者应如何尽职履责、群众可做哪些环境保护工作等，都要落实到具体行动中。为此，应分类提出针对企事业单位环境保护从业人员、城市居民等的环境保护责任、权利和义务。

其次，环境保护的内涵丰富，部门联动尤为关键。环境保护工作要形成大合唱，地方各级政府是总指挥，每个部门都要发声。监督管理是环保部门的主要职责，要用好新环保法赋予的权力，必要时要果断终止严重危害环境的排污行为。同时，创新监管手段，特别是把群众发动起来，使保护环境、治理污染成为真正的群众运动。

第三，环境保护工作的复杂性决定了要将监管责任主体和管事有机结合起来。责任主体的环保职责清单要明确具体，有些宜以事为主线组织开展的环保工作，也要分工到单位或部门。通过划定责任主体及其工作责任，环境保护工作就有了支撑单位、部门或个人。不管是《环境保护法》还是具体的环境保护工作，调解的都是政府及其相关部门、企事业单位和社会公众的关系。对于污染治理，企事业单位（含职工）或社会公众等是责任主体，政府及其相关部门履行行政监督管理责任，并接受群众的社会监督。对于生态建设，则以政府部门间的协调为主。每一项政策的出台或任务的下达，都要把几个相关方面摆进去，分别明确其责任分工，管理和考核才有"抓手"。

辩证看待环评与安评关系

罗岳平　潘海婷　刘淳劼

重大安全事故的发生不可避免会带来次生环境问题，可以说，安全问题与环境问题是相伴而生的。很少有安全问题可以完全控制在厂区内而不外泄衍生为环境问题。有些情况下，环境问题复杂化后，甚至超过了对安全问题的关注，引起人们的误判，追责环保，而忽略了安全生产才是罪魁祸首。

与此相对应，为政府监管提供技术支撑的安全评价和环境影响评价到底该怎么做，谁先谁后，各自应解决什么问题，一度广受舆论关注，并引发争议。笔者认为，对这两个评价的辩证关系要进行认真分析，确保各司其职。

环评是指对规划和建设项目实施后可能造成的环境影响进行分析、预测和评估，提出预防或者减轻不良环境影响的对策和措施，进行跟踪监测的方法与制度。安评是以实现工程、系统安全为目的，应用安全系统工程原理和方法，对工程、系统中存在的危险、有害因素进行辨识与分析，判断工程、系统发生事故和职业危害的可能性及其严重程度，为制定防范措施和管理决策提供科学依据。

环评和安评有很多相似之处。首先，都是建设项目开工建设前的必要环节，都要由有资质的机构去承接，并由有相应职业资格的技术人员按照一定技术要求完成后提交报告，都由政府行政主管部门审查通过。其次，都由项目建设单位承担主体责任，并落实"三同时"制度。最后，评价过程都要进行风险源的识别和评价，并要求采取严格的预防和控制措施。两者也存在诸多不同。

一是从评价范围看，环评要大于安评。我国的环评制度始于 20 世纪 70 年代，并在 2002 年将范围扩大到规划层面。而安评的范围，根据《安全生产法》第 29 条，矿山、金属冶炼建设项目和用于生产、储存、装卸危险物品的建设项目，才应当按照国家有关规定进行安全评价。

二是两者的关注重点不同。环评是为了评估规划或建设项目建成投产后可能对环境产生的影响，突出环境风险评估。而安评是要通过辨识和判断工程、系统发生事故和职业危害的可能性及其严重程度，侧重于评估人员的安全问题。

三是两者的工作手段不一样。环评的环境风险评价主要针对通过空气、水、土壤等环境介质传递的环境危害。安评则是针对人为或生产设备因素等引发的诸如爆炸、火灾、中毒等安全事故。此外，环评关注的是厂界外的影响，而安评努力把可能发生的事故控制在厂界内，减少对周边环境影响。

环评和安评对某些风险源的关注是相同的，因此出现环评中有安评，安评中包括环评内容的交叉情况。由于安全事故具有瞬时特征，而环境影响相对持久，突发安全事故发生后，注意力很快由安全处理转向环境应急，对环评的质疑甚多，厘清环评与安评责任就很有必要。

安评体系很完备。一是明确了符合条件的建设单位必须开展安评工作；二是安评过程完整，包括预评价、验收评价和现状评价 3 个阶段，每个阶段的工作目标、考核指标等非常明确；三是现场审查组织严密；四是评价内容详细，结论具体；五是安评报告的法律定位明确。尤其是《危险化学品建设项目安全评价细则》，对如何开展前期准备、评价单元划分、风险程度分析、事故防范、应急管理等规定，遵照执行，能不能落址，以及降低事故损失等都处于可控状态。安全是最高责任，也是建设单位首先要关注的。安全没有保障，后续工作也没法开展。

因此从理论上分析，安评应先于环评开展。只有完成安评，才能清楚哪些污染物可在厂区内处置完毕，哪些污染物可能溢出厂界而对周围环境造成影响。环评内容全面性是基本要求，需要考虑正常运行、局部故障、重大事故等多种情形，将安评结果纳入分析范畴，尤其是评价最不利条件下的环境影响，将可能造成最大环境损害估计不足。

环评和安评分别由不同有资质机构完成，建设单位应主动做好两个机构工作对接。一是杜绝安全事故发生；二是如果出现突发状况，要有预案将环境影响降到最小。安评充分，环评才有基础。环评一定要合理利用安评结果，将不利环境影响考虑得深入一点，以防重大安全事故发生后环境应急措手不及。

提高环境教育的应用价值

罗岳平　彭庆庆

环境教育的目的在于提高普通群众的环境意识。成功的环境教育应以"润物细无声"的方式改变人的思想和行为。

笔者在日本访问期间，深感其环境教育的重要影响力。以垃圾分类为例，日本从幼儿园起开展环境教育，孩子们从小便学会分辨可燃垃圾和不可燃垃圾。到了小学四年级，开设垃圾分类、处理等课程，此外，学校鼓励开展社会调查，由学生自己提出减轻垃圾污染的建议和设想。在这样的教育模式下，培养出来的学生具有极强的环境意识和环保的自觉性。因此，在日本，人们能做到对垃圾严格分类。

在我国，环境教育并未受到足够重视。借鉴日本经验，笔者建议我国环境教育应从以下几方面加强。

一、组织力量编写优秀的环境教育教材。

人在不同成长阶段，对环境问题的认知水平是有差别的，因此，也应根据特定年龄阶段的能力状况编制相应的教材。比如，系统的环境教育教材，应从漫画书开始，以后难度逐渐加大，内容不断丰富，顶层是大学里深奥的研究性专著。系统教材是百科全书类型的，每个人根据自己的兴趣和知识水平都能找到相应的阅读材料。

从日本经验看，公害集中爆发于 1960 年代。20 世纪 70 年代，日本开始对中小学生开展公害教育。日本编制了一套从小学到大学的完整环境教育教材。小学阶段为培养学生主动关心环境意识，设计了《充满活力的土壤》等学习课程。初高中阶段侧重于学生对环境状况的判断及环保实践的参与。大学环境教育学科建设也基本成型。

反观我国的各种环保教材，多是扎实的理论讲授，而缺乏生动有趣的科普读物。我国要高度重视环境教材的编写，加强教材的多样性和丰富性。

二、加强环境教育基地建设。

环境教育基地是推动公众主动参与环保的有效载体，在环境教育事业中发挥着重要作用。

早在 20 年前，日本环境省开始规划并设立基金建设各类"自然体验设施和生态露营地"。2003 年，日本政府在《增进环保热情及推进环境教育法》中明确了政府负责建设环境教育基地的体制。例如，滋贺县琵琶湖博物馆是建于日本第一大淡水湖琵琶湖的环境教育基地。滋贺县政府投入 3 亿日元建设了"海之子"号琵琶湖水上流动学校，让孩子们在船上开展住宿体验学习。

近年来，我国在很多地方陆续建立了一些环境教育基地，孩子们在这里将环境理论与实践有机统一，深化了对环境问题的认识。但我国环境教育基地的数量有待增加，主题急需丰富。笔者建议，应规划建设各种主题环境教育基地，使公众从不同角度了解环境污染及相应的防治措施。现实展示永远都比理论说教更令人信服。

三、加强企业环境教育。

要通过对企业的环境教育，使企业认识到，其环保形象与整体形象提升、品牌维护和美誉度增加紧密相关。促使企业强化环境管理，定期编制环境状况报告书，向公众公布环境保护情况。

企业的环境教育应从两个方面着手。一是企业内部专业的环境教育。使员工知晓环境风险所在，及应采取的科学防治措施。二是鼓励企业以其自身为基地，向公众开展环境教育。很多企业的污染治理单元是生动的课堂。事实上，企业在向公众开放的同时，其勇于承担环境责任的态度也将赢得公众的信任。

四、尊重公众在环境教育中的主体地位。

环境教育只有充分调动公众的求知欲才能达到交流、信息共享等目的。目前，我国公众的环境意识和环保知识水平明显提高，对环境问题越来越关注。但公众参与环保的渠道相对缺乏。

日本在公众参与方面作出了表率。以琵琶湖为例，琵琶湖流域周边地区被分成 7 个小流域，分设研究会。通过定期组织居民和学生参加割苇草、清扫湖边垃圾等活动，提高公众对保护琵琶湖的意识。

对机动车排放的要求并未降低

罗岳平　潘海婷　骆　芳

　　环保部等三部委联合发布《关于进一步规范排放检验　加强机动车环境监督管理工作的通知》（以下简称《通知》）后，各种解读甚多。因此，要加强引导和宣传，从宏观上准确把握改革精神。

　　从环保标志管理到数据联网管理，核心内容就是通过改革优化服务，便民惠民；改革的关键仍在于降低机动车污染排放水平，改善环境质量；依靠的手段一是严格规范车辆排放检验。二是在此基础上公开机动车环保信息。三是严格监管执法，促进黄标车和老旧车的淘汰。这次改革，表面上是取消了环保标志，视觉冲击最大，其实质则是强化了部委间的合作，特别是厘清了各种主体责任，让市场的归市场，政府的归政府，形成降低机动车排放污染的合力。

　　机动车是该《通知》关注的主要对象，其品牌优劣直接关系污染物排放量。否则，在城镇，直接加重灰霾天气；在乡村，提高了背景浓度。对一辆机动车，出厂销售前要按照国家标准和规范进行排放检验，投入使用后，要按与安全技术检验周期一致的频次开展排放检验，随时接受环保部门的监督抽测，不合格的则要改正并复检。

　　文件中明确了检验机动车排放的便民措施，如优化检验机构空间布局，方便群众就近检验；城市范围内机动车所有人可以自主选择检验机构，推行异地检验；纯电动汽车免于尾气排放检验；开展预约检验业务，做到随到随检等，并要求检验机构完善服务设施，公开服务流程，杜绝非法中介扰民行为。

一辆机动车就是一个移动污染源，按照自测与监督监测相结合的原则，机动车生产企业和机动车所有人应当自发进行机动车排放检验，自证达标排放。环保部门则要强化监督抽测，包括在车辆密集区重点抽测货运车、公交车、长途旅客车等，并可在公安交管部门的配合下，采用遥感监测等技术抽测行驶的机动车，从而发现排放不合格的车辆。环保部门还应加强机动车排放数据分析，排查出排放偏高的车型，为机动车生产企业技术改造等提供信息。明确了排放检验的两种性质，机动车所有人就应当按照收费标准向检验机构支付费用，监督抽测则是公益性质的，应由环保部门直属机构独立开展或购买监测服务。

机动车排放检验流于形式是公众最担心的。对此，《通知》明确提出，要强化排放检验机构的主体责任，一是全面社会化。环保部门及其所属企事业单位、社会团体一律不得开办检验机构，参与检验机构经营；二是对在用车排放检验机构不再进行委托。对机构数量和布局不再控制，投资风险由检验机构自负；三是改革对新生产机动车排放检验机构的管理不再核准，按与在用车排放检验机构一样的模式运行；四是加强对机动车排放检验机构的监督管理。按"双随机、一公开"的方式，依法严肃查处伪造检验结果、出具虚假报告等行为，而且明确了环保部门和认证认可监管部门的处罚方式。

《通知》对排放检验不合格机动车的处罚是比较严厉的，数据上传后，公安交管部门不予核发安全技术检验合格标志。而根据《道路交通安全法》，无该标志的车辆不得上路行驶，据此形成了管理上的闭环，即不定期进行排放检验，或监督抽测不合格且不改正、复检的机动车所有人要承担不能上路行驶的严重后果。

对每一个社会公民来讲，驾驶排放合格的机动车是基本要求。环保部门转变工作方式，将检验结果以联网方式传递给其他管理部门，既体现了技术进步，实现监测信息共享，也是简政放权、服务民生的生动体现，是向现代社会治理转型的有益尝试。

第二篇

环境质量管理

环境质量管理要坚持属地原则

罗岳平

　　环境污染具有易扩散的自然属性，特别是水、气等环境介质的流动性强，经常造成跨界污染；环境污染又具有易传染的社会属性，如果某个区域的环境质量超标现象得不到制止，其他区域看到有机可乘，就会竞相效仿，最终导致大范围的环境质量恶化。因此，对环境质量的管理要始终坚持属地原则，以适当的地理空间为单元，分地块考核。每个基础单元的环境质量都是安全的，整体环境质量也就有了保障。

　　对排污企事业单位进行网格化管理被实践证明是行之有效的。在每个网格内，既然有污染源信息，也必然对应有环境质量信息。应以目前已经划分的监管网格为基础，同步关注污染源运行情况和环境质量现状。一定数量的网格构成一个乡（镇）或街道的考核单元，并依次组合成县、市、省三级考核单元。如果能做到每个层级基础扎实，一级对一级负责，改善环境质量的压力也就传递到了基层。

　　在一些网格内，因为污染源数量众多，会出现环境质量不达标的情况。在这种情况下，需要以网格为单位开展环境综合整治，要么重新许可排污权，由企事业单位完成技术改造，在排污权配额内继续生产；要么在地方政府的指导下，就近搬迁到其他还有环境容量的网格内。虽然两种调整方式的成本都比较高，但环境质量事关最基本的民生，要有壮士断腕的决心。以环境质量倒逼产业转型升级，促使过剩的产能淘汰或其他工业生产异地均衡发展，实际上是一种有效的调控手段。

地方政府对环境质量负责，逐级划分到监管网格后，就具体到了每块属地。改善环境质量的压力由上到下逐级传导，成效则由下至上逐级汇集。突出对问题网格的整治，使单位土地面积的排污水平与环境承载力相适应，维持群众能接受的环境质量水平。在做污染源数量减法时，工作部门要有智慧，促进环保与经济协调融合。

环境质量监测要一县一策

罗岳平　黄河仙　潘海婷

　　长期以来，为开展好环境质量监测，国家制定了一系列标准，并构建了较为完善的监测网络体系。但在市（州）以下，由于环境监测能力建设不足等原因，对监测网络布局研究不深，例行监测坚持得不够好。因此，按照环境保护部环境监测业务一体化的指导精神，必须重视基础工作，加强基层环境质量监测工作。

　　严格来讲，国家、省、市三级不应承担具体的环境质量监测任务，而应由县级站完成相关工作，逐级上报，分级统计和评价。任何一个国家或省控断面（点位）都落在某个具体的县域内。也就是说，县域内应布设有相当数量的环境质量监测断面（点位），其中重要的断面（点位）才会上升为省控或国控。

　　环境质量监测网络好比一张渔网，国控、省控断面（点位）构建的是一张大网眼的渔网，监测发现的是大尺度的环境质量问题，而小范围的环境质量问题则可能漏掉。为使一次监测收获更多，就只有将渔网的网眼变小，将重要的县级监测断面（点位）纳入进来。

　　以县域为环境质量监测基本单元，可以按 3 种模式设计管理思路：

　　一是促使县级环境监测站形成实际工作能力，承担大部分的环境质量监测任务。有些要素，如土壤、有机物的监测，由于技术复杂，可送市级站完成。每个县级站按要求上报数据，并编制县本级的月报、专报等。省、市两级环境监测机构以县站上报的监测数据为基础进行统计，并公开信息。

二是主要从政绩考核角度考虑，按省考市、市考县的原则，谁主导考核，则由其直接负责监测，从而保证考核结果的公平、公正。这样，市级环境监测站承担县域的环境质量监测，省级环境监测机构监测市级人民政府所在地的环境质量。这种管厘模式厘清了监督与被监督关系，有利于落实地方政府对环境质量负责的主体责任。

三是政府购买环境监测服务。划分省、市、县三级事权，相应测算工作经费，三级财政分别安排预算，购买完整的、满足各级管理需要的环境监测服务。省、市、县三级环境监测机构主要从事监测数据质量控制工作。

一县一策以县级行政区域为单元，依据当地的自然地理条件，确定科学的监测方案。对于水质监测，重要的河流、湖泊等水体，要在其源头或入境断面、中间重要控制节点、出境断面等开展监测，全面监测其在县境内的质量变化状况；对于大气环境监测，要在城区及适当的农村布设监测点位，实现城乡统筹监测；对于土壤监测，要综合考虑耕地、林地、旱地等的面积和工矿企业污染等因素，分类确定相应数量的跟踪监测点位，长期定位监测。生态、噪声、固体废物等的监测依据县情合理确定。

通过一县一策的监测，要达到从整体上把握每个县（市、区）环境质量状况的目的。为此，必须实现两个全覆盖：一是环境要素、监测指标的全覆盖，监测指标残缺，就不能得出全面、完整的评价结论；二是监测点位（断面）的全覆盖，应该纳入监视范围的重要水体、环境空气区域等，都要系统设置质量监测点位。

在没有新增污染来源的情况下，环境质量具有相对稳定的特点。因此，在很多工业欠发达的县域，一些点位（断面）的环境质量持续在监测，但数值变化不大。对这种情况，要建立和完善豁免制度。

环境质量监测豁免就是对环境质量相对稳定的监测断面（点位），在影响区域内污染源排放变化不大的情况下，适当降低监测频次，或延长某些指标的监测周期。根据发展规划及现代化建设理念，工业分布等相对集中，在一个县域内，大部分国土面积尚未开发。因此，除部分监测断面（点位）的环境质量有波动外，较多断面（点位）的监测数据是基本稳定的。在基础调查阶段，各种监测都要规范、全面，但通过长期监测，准确掌握了环境质量变化规律后，相对稳定指标的监测频次可降低，从而节约监测资源，集中精力开展污染源和其他突出环境问题的监测。

生态保护红线如何拴住野蛮生长？

罗岳平　易理旺

国家发展和改革委员会等 9 部委 2016 年 5 月 30 日印发《关于加强资源环境生态红线管控的指导意见》。文件要求，合理设置红线管控指标，构建红线管控体系，健全红线管控制度，保障国家能源资源和生态环境安全，倒逼发展质量和效益提升，构建人与自然和谐发展的现代化建设新格局。

文件明确了生态红线的意义和目标。生态红线要成为社会可持续发展不可逾越的底线，既要在维护生态环境安全方面发挥"保障线"的作用，又要成为各种管理和决策活动需要特别关注的"高压线"。生态红线一旦落地，就要成为硬约束。要实现这一目标，拴住野蛮增长的欲望，笔者认为，应做到以下 3 点。

首先，提高红线划定的科学性和权威性。基础理论研究要提供相应的技术支撑。生物圈是一个复杂的生命体，湖泊是大地的眼睛、森林是地球的肺、湿地是地球的肾等比喻形象地描绘了各种生态系统对生物圈的价值。在划定生态红线时，要明确生态红线定位，确定生态红线划定体现的是最低保护要求还是最优保护方案。如果是以底线概念为主导，生物圈中的精华部分都可独立划分出来。如果坚持最优方案，需要综合分析现状，设计生态廊道，构建有利于各个生态系统间物质、能量和信息流动的完整体系。最优方案能够使各生态系统保持联系，更符合自然规律，但前期工作量较大。

第二，明确划定生态红线的松紧原则和管控措施。鉴于目前公众对生态系统的了解并不深入，红线范围宜松不宜紧。红线内区域面积太小，生态一旦被破坏，损失可能无法弥补。因此，红线区域内面积可以略宽，留下弹性空间，未来可以动态调整。就一个县域而言，对环境资源的利用最好呈纺锤形，高度开发和应严格保护的部分位于两端，所占比例相对较小，中间的主要部分维持农业生产生活现状。理论上分析，特别是随着城镇化进程加快，偏远山区的原住民自愿外迁，事实上降低了守住生态红线的压力。目前，很多县（市、区、旗）正在划定生态红线，需要正确领会工作内涵，只有各类区域始终保持合适比例，才能呈现生产发展、生活富裕、生态优美的和谐局面。

第三，及时回应生态红线划定后能否守得住的质疑。目前，一些人认为，生态红线将成为经济发展的阻碍，成为未来开发的阻力。这种误解亟待澄清。划定生态红线，可以看作是对工业发展历程的一次全面反思。过去在规划县域经济时，信奉"无工不富"，几乎村村点火，大面积废田建厂，导致土地利用比例失调，环境问题日益凸显。而事实上，如果三次产业协调发展，布局合理，工业占地并不会过多。

湖南省长沙县的实践很有参考意义。长沙县按"北农南工"的思路，将工业布局在县域南部，北部以生态保护和农业生产为主，县政府提出了用全县5%的土地创造95%的财政收入的目标。为此，全县所有工业都集中布局到了星沙等少数镇，企业在工业园区内集约发展，单位土地面积的GDP产值较高。同时，通过财政转移支付的方式，保证了北部农业镇财政经费，促进其开展农业生产和环境保护工作。这个模式成功的关键在于对不同的环境资源进行了准确定位：适合工业开发的区域，高效使用；适合农业生产的区域，规范管理；需要保护的区域，纳入红线范围禁止开发。长沙县的实践证明，经济发展与环境保护并不矛盾。在推广生态红线时，要多宣传这些鲜活事例，澄清公众的误解。

确保转移支付资金用到实处

罗岳平　黄河仙　周湘婷

　　为建立对重点生态功能区的生态补偿机制，中央财政对国家重点生态功能区进行财政转移支付。财政部公布的数据显示，2008—2014年，中央财政累计下拨国家重点生态功能区转移支付2 004亿元。

　　国家重点生态功能区转移支付是一项非常好的政策，享受到这一政策的县（市、区）人民政府都很重视。有关部门测算，县财政收入每增加1 000万元，至少需要两亿元的工业产值来支撑。现在，一个县（市、区）最少的转移支付资金量也在3 000万元以上，相当于为县（市、区）引进了产值超过6亿元的工业企业，对财政的贡献相当大。算清了账的县（市、区）对这笔绿色资金看得很重，有的县年初编预算时将转移支付资金分配到项目，年终作决算，并向县人大专项报告，确保了转移支付资金的安全使用。

　　但是有关部门在抽查中发现，一些县（市、区）人民政府仍存在认识不清、资金使用不规范、项目建设意识不强等问题。笔者认为，应该完善考核体系，引导重点生态功能区县（市、区）最大限度发挥转移支付的经济和环境效益。

　　首先，成立高规格领导小组。生态转移支付首先是资金调度使用问题，如果不是县（市、区）人民政府主要领导亲自过问，分管县领导很难协调。顶层设计有高度，后面工作的推动才有力度。重点生态功能区的保护和开发是一项综合性工作，只有主要领导靠前指挥，效果才有保证。

　　第二，考核部门协作情况。对国家重点生态功能区的考核不能理解为环保部门的单打独斗。生态建设是一个系统工程，林业、国土、水利、住建、农业等部门都有分工。只有每个部门都发声，合唱才有力量。在体系设计时，要对每个部门的职责进行界定，并量化考核。县内的生态保护和建设就像做一个拼盘，只有每个单元都是完美无缺的，无缝对接后才有好效果。

第三，考核转移支付资金使用情况。生态转移支付有两个目的：一是改善民生，二是进一步提高生态环境质量。县域经济无工不富，但在国家重点生态功能区内是限制污染工业发展的，由此造成县级财政收入不足，生态转移支付可用来平衡预算，弥补县级政权运转的刚性缺口。另一方面，要将部分生态转移支付资金用于生态建设，使生态文明率先在这些生态良好的县（市、区）取得成功实践。两笔资金的分配比例是考核的基本要素。生态投入越多，生态效益改善越明显，相应得分越高。

第四，考核项目实施情况。不管是将转移支付用于民生领域还是生态领域，都要以项目建设为载体。民生项目，考核其受益群体；生态项目，评价其环境价值。只有把项目做实，全面考核每个项目的立项、建设、验收和使用等情况，才能保证国家转移支付安全、真实。

第五，考核生态环境质量改善情况。生态转移支付资金量不小，但依靠这笔资金难以在短期内使县域生态环境发生翻天覆地的变化。宜以单个项目为对象，分别评估其竣工后对周围生态环境质量改善的贡献。

第六，考核监测能力和数据质量。开展生态转移支付的初衷是在改善民生的前提下不断提高生态环境质量。生态环境质量的改善程度，最终要靠监测数据来体现。有些县（市、区）没有基本的监测能力，评价结果也填报上来了。对此，要进行认真核查，对涉及编造监测数据的县予以一票否决，停止转移支付，要以过硬的措施保证考核工作的严肃性。

生态转移支付已产生良好的社会和环境效应，其导向作用越来越明显。不少县（市、区）有做好相关工作的良好愿望，却执行得并不好，得了钱也不知道该怎么有效使用。对此，应加强宣传教育工作，推广好的经验，特别是以考核为指挥棒和抓手，规范资金使用，推进项目建设。

基于环境质量改善程度开展生态补偿

罗岳平　田　耘

　　根据国务院办公厅《关于健全生态保护补偿机制的意见》，生态补偿成为推进生态文明建设的重要抓手。湖南省是生态大省，一方面享受了国家的资金扶持；另一方面，省财政统筹有关资金，对 19 个省级重点生态功能区进行转移支付，尤其是在湘江流域开展基于水质水量的生态补偿，起到了良好的正向激励和扣缴处罚效果。

　　良好的环境质量是最基本的民生，也是生态保护和社会发展的最终落脚点。开展基于环境质量改善程度的生态补偿，是对目前以资源和重点生态功能区等为重点考核指标体系的有益补充，能够克服覆盖面不足、不易测算、补偿手段单一等不足。结合我省实际，可开展如下工作：

　　一、全面推开覆盖四水流域的跨界水质水量补偿。

　　湘江流域的跨市界水质水量生态补偿实施两年来，取得了初步成效，并积累了丰富经验。总体上来看，湖南省水系复杂，整体水质较好，但局部仍存在突出的水环境问题，较长时间内仅仅局限于在湘江流域开展生态补偿，则不利于调动其他市（州）保护和治理水环境的积极性。四水流域对湖南水环境安全都具有战略意义，水质也都有持续改善空间，有必要全部实现跨市界、县界的生态补偿，从而引导相关市（州）进一步优化产业结构，从源头减少污染物排放。

二、重视流域源头和大型湖库水源性补偿。

从全国范围来看，水质水量的生态补偿多为跨界补偿类型，对流域源头和大型湖库补偿不多。实际上，下游水质清如许，都靠源头活水来，上游地区和库区支流不同程度牺牲了宝贵的发展机会，才为下游输送了一汪清水。以湘江为例，主要支流有潇水和灌水等，源头涉及江永、江华、宁远、蓝山等多个贫困县。为此，需要探讨源头和库区补偿机制，根据干流、库区和各汇入支流水质水量的贡献给予相应地区适当的生态补偿。

三、开展设区城市的空气质量生态补偿。

以细颗粒物（$PM_{2.5}$）为代表的空气污染具有跨界传输性，从而将经济社会发展程度较高地区的空气污染扩散到周边欠发达地区。从全省看，设区以上城市的空气质量总体呈现北部和中部区域较差，而西部和南部区域较好的趋势。在秋冬季节，外部输入性污染明显。目前，山东、湖北等省都相继出台了全省空气质量补偿方案，湖南省也可发挥后发优势，利用经济杠杆作用，促使空气污染较重的地方积极实施治理工程，同时，对受外来空气污染输入影响的地区给予适当的补偿。

四、建立环境质量生态补偿的保障和技术支撑体系。

基于环境质量改善程度的生态补偿必须有章可循。为此，一是出台《湖南省生态补偿条例》，明确环境质量生态补偿的具体要求；二是设立环境质量生态补偿专项资金，并制订科学的考核目标、奖惩细则和补偿资金测算办法等配套实施细则；三是结合省以下环境监测垂直管理改革，建立全省联网、统一考核、覆盖全面的水质和空气质量自动监测网络，为科学评估生态补偿成效提供技术支撑。

要保证核心区不受干扰

罗岳平　樊　娟　廖岳华

饮用水直接关系人民群众的身体健康和生命安全，提供优质饮用水是重要的民生问题。

饮用水水源地环境保护问题历来为社会关注。《中华人民共和国水法》和《中华人民共和国水污染防治法》都对饮用水水源保护提出了明确要求。《饮用水水源保护区划分技术规范》（HJ/T 338—2007）规定，饮用水水源保护区分为一级保护区和二级保护区，必要时，可以在饮用水水源保护区外围划定一定的区域作为准保护区。同时也规定，地表水饮用水水源一级保护区的水质应达到 GB 3838—2002 中的 Ⅱ 类标准；地表水饮用水水源二级保护区的水质应达到Ⅲ类标准，并保证流入一级保护区的水质满足Ⅱ类标准的要求；地表水饮用水水源准保护区应保证流入二级保护区的水质满足二级保护区水质标准的要求。

然而，从目前我国的实际情况看，多数地区为了保障上游地区的经济社会发展，划定的饮用水水源二级保护区面积偏小，且由于对准保护区的划定未作硬性要求，绝大多数地区尚未划定饮用水水源准保护区。

总体来看，我国对饮用水水源地的保护是不充分的。

一是流域水质全面保护与饮用水水源地江（河）段水质重点保护衔接不好。如果流域水质恶化，饮用水水源地水质也会相应下降。突发性水污染事件发生后，污染团流经饮用水水源地时，只能采取暂时停止取水的措施。因此，保障饮用水安全，必须立足改善流域整体水环境质量。

二是《饮用水水源保护区划分技术规范》提出了一级和二级水源保护区的水质控制目标，但采取的划分策略不足以支撑控制目标的实现。对于水源一级保护区，一般划定为取水口上游1 000m、下游100m。在这么短的江（河）段，如果只考虑稀释、沉降、挥发等自然净化作用，水质是不可能发生类别变化的。因此，若要饮用水水源一级保护区水质达到Ⅱ类标准，压力只能传递给二级保护区。因此，二级保护区就需要划得比较长。但事实上，对二级保护区也有很多环境管控要求，如果划得太长，就会制约地方经济社会发展，现实中很难实施。

三是保护区内管控不到位。水源一级和二级保护区是保证饮水安全的最低环境防线，但由于历史原因，保护区内仍然分布有船泊码头、排污口等环境安全隐患。因此，饮用水水源地的水质仍有进一步恶化的风险。

四是我国饮用水水源地的情况复杂，特别是沿大江大河的城市，从江河的上游到下游，不同环境功能的水体犬牙交错。一个城市的工业用水或娱乐景观水体的下游，可能紧邻的是另一个城市的饮用水水源。有的城市河段，既是城市污水的受纳水体，可能又是其集中式饮用水水源地。而对于溪流型饮用水水源地，水量不大且季节性变化大，水质安全更加脆弱。

面对复杂的饮用水水源地环境，既要按技术规范划定最小保护区范围，又必须依据实际情况合理拓展，以保证饮用水水源地水质安全。笔者认为，加强对饮用水水源地保护，可以借鉴陆地自然保护区的管理经验。

第一，对于陆地自然保护区，在确定保护对象后，围绕其划定核心保护区、缓冲区和实验区3个区域，分别限定生产生活活动等级，保证核心区基本不受干扰。陆地自然保护区是同心圆性质的3个圈，饮用水水源地保护区则是链条式的江（河）段，但其功能是可类比的。水源一级和二级保护区相当于陆地自然保护区的核心区和缓冲区，水源地准保护区则对应于陆地自然保护区的实验区。从这个意义上讲，饮用水水源保护区的准保护区是可划分的。为实现水质控制目标，保证饮用水水源保护区的结构完整，必须设置适当长度的准保护区。

第二，划定饮用水水源准保护区，必须统筹考虑水源上游及周边区域产业结构特点、污染源分布及污染物排放强度，并结合水资源量的多少以及二级保护区水域长度等因素。若二级保护区的水质能稳定达标，且保证流入一级保护区的水质满足Ⅱ类标准的要求，则准保护区水域可以较短，但应严格禁止新建、改建、扩建排放污染物的建设项目；对已建成的排放污染物的建设项目，应加强监管，确保达标排放。如果难以保证二级保护区流入一级保护区的水质满足Ⅱ类标准的要求，则准保护区范围要延伸，必要时还应在准保护区内采取工程措施，或采取建造湿地、种植水源涵养林等生态保护措施，以确保水源地水质达标。

第三，在饮用水水源地三级保护体系中，准保护区起着预自净作用，将污染负荷降到二级保护区能承受的水平；二级保护区则进一步发挥净化作用，确保出水能达到Ⅱ类标准；一级保护区的净化功能有限，主要保证水质不下降。由此可见，保证饮用水水源地水质的关键任务主要由二级保护区和准保护区分担，而二级保护区由于环境管理相对严格，不可能划得很长，准保护区应发挥更大的净化功能。

每个饮用水水源地的地理环境、资源禀赋、经济社会发展状况都是独一无二的。为此，要逐个研究，分别制定划分方案，建立身份证信息，在实现全国联网管理的同时，面向当地群众发布相关信息。

此外，为使饮用水水源地保护不停留在概念层面，必须对饮用水生产的原水供给、工艺净化、管网输配等全过程进行系统分析，明确源头保护目标及其实现方式。特别是保护区划定后，要安排相应投资，在保护区内开展保护水源的工程建设，使保护区水质净化作用名副其实。

生态遥感工作要加强针对性

罗岳平　毕军平　易理旺

生态环境遥感作为宏观尺度的环境监测手段，重点关注的是可为肉眼感知的生物和生态环境变化。遥感技术近年来快速发展，取得了令人瞩目的成就，在多个领域得以广泛应用。尤其在太湖蓝藻监测、秸秆焚烧污染监测等方面发挥了重要的技术支撑作用。

为适应遥感技术发展新形势，一些省级环境监测站先后成立内设机构，专门开展相关工作。但总体来看，生态环境遥感技术发展不均衡，各省（直辖市、自治区）存在一定差异。有的省级监测站基本具备独立工作的能力，能按流程完成遥感解译工作，有的省只能承接工作任务，委托给高等院校或科研院所完成。从这几年生态遥感工作开展情况来看，由于技术力量有限且工作量大，深入推进存在一些困难。尤其是在南方山区，各种地类犬牙交错，加上气象条件等因素的影响，准确解译面临一定挑战。

如何进一步提升生态环境遥感监测能力？笔者有以下建议：

首先，要根据地方实际明确工作目标。遥感监测功能强大，尤其是对范围广、均质性强的环境介质来说，遥感监测效率高，准确度也高。但是对于一些地方来说，人力、物力、财力有限，需要准确、科学调整遥感监测范围。实践中，只要将遥感目标进行聚焦，成果就会立即显现。如内蒙古锡林郭勒草原、山东长岛、广东丹霞山等5个国家级自然保护区存在突出生态环境问题，包括违规建设风力发电项目或水电站、畜禽养殖、采矿等，就是通过卫星遥感监测发现的线索。因此，各地环境监测部门应明确具体监测目标，然后有针对性地进行资金投入和科学研发。

其次，要强化问题导向。建议未来生态环境监测要加强问题导向，提升成果的应用价值。例如，各种自然保护区是环保系统综合监管的重点，要对自然保护区范围内的生态环境状况进行严密监视。一些重大项目环境敏感，可用卫星对其建设、生产状况等进行监测。一些地方出现灰霾天气，可借助卫星遥感技术分析其分布状况、污染原因等。近年来，国家重点生态功能县（区）转移支付启动，因资金量较大引起广泛关注，生态环境遥感结果也用于评价投入资金产生的环境改善效益。每个县（区）上报项目建设信息，再用卫星遥感进行核查，考核就可以落到实处。

实现监测业务天地一体化，卫星遥感是主要手段。要充分运用技术特长，根据任务性质，在合适的时段精准监视指定区域。要将遥感监测面宽、实时等优势发挥出来，为环境质量改善做贡献。

第三篇

环境科技与标准

环境科技要在污染治理环节发力

罗岳平　潘海婷

国家发改委和环境保护部 2016 年 9 月 22 日下发《关于培育环境治理和生态保护市场主体的意见》（以下简称《意见》），计划到 2020 年，使环保产业的产值达到 2.8 万亿元，并培育 50 家以上产值过百亿元的环保企业。同时提出，要发挥市场主体的积极性，通过加强特许经营立法，实现购买单一环境治理服务向购买整体环境质量改善服务方式的转变。此外，要分类推进国有资本和各类资本股权合作，鼓励开展混合所有制，引导非国有资本参与环境治理和生态保护建设项目。

长期以来，我国的环境科技研究和推广应用集中在基础理论和环评等领域，特别是在环保系统内部，大部分科技工作围绕各种审批开展，多是预防性质的，重在发放"准生证"，而忽视对污染设施事中事后的技术改造和运维提高，致使排污总量等"身份证"信息缺失，区域性的环境质量难以保障。

环境领域的科技人员热衷于做环评等前期工作，主要是模式相对固定，技术要求不高，回报相对快捷且优厚。更主要的是提出的属预防性措施，只设定目标，不涉及工艺流程，即使预测有误差，责任也不是很大。一些民间资本进入环保领域，也优先投向这块市场，从而使大量资金和人才集中在低端技术层次。

污染绝不是理论预测就可以消灭。如果没有运行良好的污染治理设施作支撑，周围环境也会被毁坏。相反，在日本等国，一些想象中污染会很严重的垃圾焚烧项目，由于防治措施全面细致，照样落址在闹市区，并成为休闲景点。由此可见，只要污染治理到位，本来很"脏"的企业也能变得很干净，关键在于量身定做污染防治方案。

国内很大一部分企业存在认识误区，认为通过环评，能够落址建厂房就万事大吉。实际上，建设污染治理设施并稳定运行才是真正的挑战。环境科技工作者也要转移工作重点，潜心钻研工艺流程，设计成套设备，把污染物降下来才是硬道理。

国家发改委和环境保护部出台的《意见》，正是看到了我国环境治理体系中的薄弱环节，要求释放市场主体的作用和潜力，真正在污染治理环节发力，控制住污染物排放总量，确保环境质量整体好转。

各种市场主体在环境治理和生态保护领域大有可为。由于常年不注重这方面的技术研究和产品开发，简单工艺到处照搬的情况非常普遍，从而留下了大量的技术改造或产品升级空间。特别是收严环保要求后，相关市场将依次被激活，商机无限。

环保科技人员要及早转身，从依靠政策求发展转型为依靠市场求跨越。市场对技术的需求是具体而真实的，面向市场的技术也是最有生命力和价值的。把握了国家的宏观政策走向，环保科技人员就要勇于实践，用自主研发技术向污染宣战，致力于环境质量改善。

环境标准制定应强化系统性

罗岳平　周湘婷　刘荔彬

近年来，我国环境标准制订工作取得长足进展，发布的标准种类多、覆盖面广，较好地指导了生态建设和污染治理等工作。

环境标准是一个内部逻辑关系严谨，结构相对完整的体系，要求监测方法能够准确检测受关注污染物的浓度，制订的质量标准能够确保环境安全，发布的污染物排放标准能够控制企事业单位对环境产生的危害。此外，推荐使用的技术规范和环保产品等要为企事业单位治理污染、环保产品生产和设备运营维护等提供参考。由此可见，虽然每个标准都是独立发布的，但要注意与其他相关标准的衔接，提升环境标准制定工作的系统性。

首先，监测方法标准应构建一种化合物（元素）多种分析方法、一台（套）设备能分析多种化合物（元素）的格局。就化合物（元素）与分析方法的对应关系而言，要立足于每种化合物（元素）有可利用的分析方法开展检测，并且按完全成熟的标准、推荐使用或科研探索的方法等类别设置体系，方便实验人员根据工作目的有针对性的选用。当前发布的监测方法已很多，但体系是否达到了完备程度，要进一步梳理、检验。一是以化合物（元素）为主线，在其后列出各种现行有效的分析方法。二是以分析仪器为中心，列出用其可分析的化合物（元素），两者交叉比对，就能发现仍存在的空白分析方法。完善监测方法标准，要按填平补齐的原则，优先把基础性的或使用频率较高的化合物（元素）分析方法建立起来，以满足常规监测和部分特殊监测的需要。

最好是全面回顾性评价后，列出急需填补的空白方法，技术招标确定编制单位。

其次，环境质量标准与维持生态系统功能、保护物种多样性和提高人体健康水平等环境保护目标直接相关。环境质量标准的制订是一个非常复杂、周期较长的过程，而且需要动态调整。曾经有美国科学家把多种重金属和有机物按安全浓度最高允许值配成混合液，将实验鱼放进去后还是中毒死亡了，这表明单一化合物（元素）的质量浓度是安全的，但一旦发生复合污染，安全性就失去了保证。环境质量标准可探索以长期的医学观察和动物实验为基础来制订，特别是妥善处理参考国外标准和自主研究定标的关系，体现中国国情特色。尤其是使每项环境质量标准值的确定有科学解释，经得起检验。

第三，处理好质量标准与排放标准的关系。排放标准容易与环境质量标准发生冲突，有可能出现每个企事业单位都做到了达标排放，但由于产业过分密集环境质量仍不能达标的情况。笔者曾现场调查过一个氨氮经常超标的环境质量监测点位，造成不达标的主要原因是污水处理厂离交接断面不远，且沿途集水面小，新水注入量不大。达标排放的污水按地表水质量标准考核，导致超标现象经常发生。然而，排放标准又不能无限严格，必须考虑当前的经济技术条件。制订排放标准，要根据环境容量和质量标准反推，也要综合考察当前可利用治理技术并估算成本。

最后，各类技术规范和环保产品标准等应受到更多关注。环境质量标准等论证的是某个数值的科学性，而技术规范则保证数值的可达性。没有治理技术或成套环保产品等的支撑，环境质量和排放标准落实就会面临困难。环境质量和排放标准是基础性研究，技术规范等则是应用研究，两者互为补充，互相促进。

综上所述，环境标准应科学划分板块，均衡编制。其中，监测方法是基础，是认知污染物的基本手段；环境质量标准是根本，起到保护生态系统、物种或人体健康的作用；排放标准是工农业生产生活的底线，要发挥约束排污行为的效力；技术规范和环保产品标准等则是重要工具，指导从源头减少污染物排放。几大技术板块互为依存，彼此支持，尤其是技术规范和环保产品标准等，是防治污染、保护环境的关键，要给予足够重视。排放标准要与技术规范和环保产品标准等紧密结合，排放标准的提出一定要有可利用的治理技术作支撑，两者应高度融合。

统一技术规范实现监测标准化

罗岳平　潘海婷　黄钟霆　林海兰

国务院办公厅 2015 年 7 月 26 日印发的《生态环境监测网络建设方案》指出，环境监测存在标准规范与信息发布不统一等突出问题，明确要求健全生态环境监测法律法规及标准规范体系，统一大气、地表水、地下水、土壤等监测布点、监测和评价技术标准规范，并根据工作需要及时修订完善。

部门间生态环境监测数据为何缺乏可比性？

各部门生态环境监测数据的可比性常受诟病，其主要原因是各部门在监测中采用的技术路径和手段存在差异。

首先，点位布设不同。各部门一般依托已有设施新增生态环境监测能力。以地表水监测为例，水利部门原有的水文监测网络比较完整，以其为基础，近年新增和强化了水质监测内容，其布点就与水文站相一致。而环保部门的水质监测布点往往考虑行政交界断面、饮用水水源地保护、重要污染源汇入、重要支流汇入等因素。这两套体系基本没有交集，监测结果有差别在所难免。

在环境空气监测领域，气象部门原本布设了很多气象观测站，近年则普遍以此为站点开展酸雨和 $PM_{2.5}$ 的监测。环保部门则是从保护人体健康角度考虑，分别在工业区、生活区、混合区、文教区等局部地区开展 $PM_{2.5}$ 监测。由于设计理念完全不同，监测点位很少重合。只有气象雷达观测站一般建在生态环境较好的山头，具有环保部门需要的 $PM_{2.5}$ 背景监测价值。

农业、国土等部门开展农田环境、地球化学等性质的土壤监测布点自成体系，与环保部门的网格布点在网格起点、尺寸等方面均不同。而且土壤不如水、大气等环境介质的流动性强，点位相隔 100 米就有可能监测数值迥异。

其次，样品采集方式不同。一是采样方案决定监测结果是否具有比较价值。二是在河流、湖泊采集地表水样，各部门对什么情况下设断面，左、中、右采样，以及采样深度等执行不尽相同的标准。三是地下水样品采集方面，有的钻孔取水，有的则用水井取水，样品自然缺少可比性。四是土壤样品采集也有多种选择，既有单点采样，也有梅花形、蛇形等采集混合样。采样深度也不尽相同。

第三，样品前处理也会导致数据差异。样品采集后，要进行一系列的物理或化学前处理，方法不一样，不可避免地又引入一些差异。例如，采集水样后，有的静置半小时后加酸，有的不静置即加酸。毫无疑问，静置半小时会使较大颗粒悬浮物沉降到底部，吸附其上的重金属或有机污染物等相应从上清液中去除，导致监测结果偏低。

土壤监测中，要求土壤样品置于风干盘中自然风干。若考虑风干过程中有大气降尘污染、微生物降解、光降解等影响，则监测结果会不同程度偏离真值。

对大气监测，尤其是 $PM_{2.5}$ 监测，是否对采样管内的气体进行恒温加热直接影响到监测结果。

化学前处理更易引入误差。以土壤重金属铬监测为例，化学前处理有多种方式，方式不一样，误差可在 20% 以上，最高甚至可达 65%，而这些方法在不同部门都有应用。

第四，评价标准导致的差异。以粪大肠菌群指标为例，其可用来反映生活污水或畜禽养殖污水对水体的污染程度。对人体直接接触的水域，应严格限制粪大肠菌群，对其他用途的水体则不产生影响，尤其是供水生产过程中有消毒工艺，专门杀灭粪大肠菌群。因此，环保部门倾向于将其仅作为评价水体卫生状况的指标而不纳入达标评价，水利部门则一直将其列为达标指标，由此带来的后果是对某条河流，环保部门公布的水质达标率至少在 90% 以上，而水利部门反映出来的是只有20% ～ 30%的达标率。

总氮、总磷同样是分歧很大的评价指标。总氮、总磷本身的生物毒性并不大，但导致流动性差的水体发生富营养化而引起藻类大量生长后会带来藻毒素污染等次生环境危害。其用来评价水体营养状态是合适的，但用来判定水质类别则意义不大，甚至会导致认识上的混乱。而对于河流型水库及过水性湖泊的水质评价标准，仍存有争议。水利部门采用监测点位与河长相结合的评价方式，而环保部门采用点位合格率概念，也是监测结果不可比的重要原因。

生态环境监测标准化怎么实现？

环境监测是环环相扣的流水作业，只有每个环节都处于完全受控状态，才能保证最终监测结果的唯一性。为此，要加强生态环境监测工作的标准化建设，并要求各部门共同遵守。

首先，进一步提高技术标准和规范的系统性和科学性。各部门根据自身工作特点相继出台了大量有关环境监测的技术标准和规范，在各自领域发挥了作用，但条块分割、兼容性不好带来的后果也是有目共睹的。如果部门间的生态环境监测继续各吹各的号、各唱各的调，那么就很难形成部门协同合力。建议将相同监测内容的不同技术标准或规范进行全面清理，整合成各部门都能接受，最终各部门也必须执行权威的、唯一的国家技术准则与标准。

完整的环境监测是分段式完成的，要按照查漏补缺的原则，整合重复、矛盾的规定，补充缺失的规定，确保监测全过程的工作均有据可依。如果每个阶段引进一点误差，结果将偏离真值很远。每个工作阶段无差错，才能保证监测结果最大可能地接近真值。

对一些倍受争议的操作程序，应在系统研究后得出科学结论。如地表水是否要静置半小时后再加酸处理的问题；对高含沙地表水，不静置沉淀会影响后面的操作；对其他较洁净的地表水静置半小时后取样，相当于拟合了自然界的沉淀自净作用，表明自然状态下这部分吸附于较大颗粒的污染物可以通过自然沉降从水中去除，不予监测未尝不可。应开展比较研究，给出明确、统一的分类处理意见。

其次，全面、客观设置监测指标。为全面了解生态环境质量状况及其面临的威胁，监测指标多多益善。然而，实际监测中设置的监测指标和范围往往受当时技术、经济条件所限，必须确保技术可行、成本可控。

从现状看，各部门关注的监测指标不尽相同。地表水 109 项和住建部门供水 106 项，总项数只相差 3 项，但仔细对照，污染物种类相差很大。重金属元素相对固定，有机污染物因种类繁多，到底哪些应纳入关注视野则是仁者见仁、智者见智。应开展部门协调，对使用量大或危害大的有机污染物共同监测。有机污染物监测复杂，建议非典型的指标不纳入常规监测，而以专项调查等为主。

确定监测指标要强调对其认识成熟。某些除草剂或杀虫剂，国外有使用，国内闻所未闻，就不应跟风监测，应由化学品进出口管理部门提供相关名录信息。对其他监测指标也要逐一审查，讲得清控制这个指标的来龙去脉，监测资源要配置到关键、核心指标上。先做扎实基础监测项目，随着认识深入，成熟一批则增加一批。

每项监测指标都要自成体系，说清监测这项指标的意义是什么，是测总量还是某种形态，确定相对应的分析方法，评价监测结果等。只有把每项监测指标都摸透，组合而成的全指标体系才是经得起检验的。

针对每项监测指标，要加强分析方法等效性的验证。一项监测指标要有多种分析方法，以方便不同层级的实验室选用。但这些分析方法应是等效的，也就是不管采用 ICP-MS 等大型仪器，还是基础的分光光度法，在合理的浓度区间，其分析结果应相当，不能打架和干扰真相。

第三，正确处理环境监测的共性与个性问题。加强监测点位管理，统一监测标准，是从源头控制部门间监测结果存在系统误差的根本措施。各部门都应主动利用统一的监测平台开展工作，自觉服从管理。统一标准有利于形成共识，并提高数据的综合利用水平。每个部门都可从公共平台获取所需信息，也可将自己获得的数据按规定程序上传，进一步丰富平台信息。

　　常规监测规范化和标准化并不排斥各部门开展个性化的专业监测。常规监测受人员、经费、时间等因素的限制，往往是粗线条、大网格的，局部环境问题有可能被疏漏。其他由各部门主导的专项监测完全可以以常规网络为基础，增加点位和监测指标，将结果及时整合、上传后，使数据库更加完善。

　　统一环境监测标准在理念上易被接受，但在环境监测资源高度分散的情况下，在实际操作层面的困难仍然很多。权威国家标准的出台有待时日。部门间监测资源的调整优化存在阻力，监测信息共享、发布等机制也需要建立与完善。环境监测标准化的过程肯定是曲折的，但是如果没有完整的水、气、土壤、噪声等监测网络，并按标准开展监测，生态环境状况评价就始终存在不全面、不客观的隐患。因此，必须坚定不移地推进点位和指标两个全覆盖的网络建设。

采取系统改进措施提升污染治理水平

罗岳平　殷文杰

建设项目中防治污染的设施与主体工程同时设计、同时施工、同时投入使用的"三同时"制度是一项需要长期坚持的制度，也是对企事业单位开展环境保护工作的最低要求。排放污染物的企事业单位应自觉建设污染治理工程并有效运营维护，从而最大限度地降低对环境的不利影响。

在现实中，很多排污企事业单位在落实"三同时"制度方面付出了巨大的努力，建设初期投入了不少资金，后续自动化改造等方面同样花费很大。但是也有一些单位虽然精通产品制造，却对污染治理缺乏了解，投入了很多钱用于建设污染治理设施，但运行效果却差强人意。不仅造成资金浪费，甚至还因治理效果不好收到环保部门的罚单。

怎样才能提升排污企事业单位污染治理水平？笔者认为，可以参考自来水公司的做法，对污染治理措施进行提质改造。自来水公司制水生产与排污企事业单位废水处理具有一定的相似之处，都要采用先进工艺除去杂物，分别达到饮用或排放的要求。随着饮用水水质标准不断提高，自来水公司多次就地提质改造，比如采取安装斜管沉淀池、改造 V 型滤池、增加活性炭吸附工序、改变消毒方式等手段。在占地规模不变的情况下，自来水公司出厂水质持续改善。排污企事业单位在废水处理方面，也可以走类似的技术进步之路。因为一些单位按照"三同时"要求建成的废水处理设施在当时基本是符合要求的，但经过较长时间的运行之后，就会发现不能满足新的要求。这就要求对污染治理开展有针对性的研判，提出系统的改进措施。

首先，要重视提质改造。随着污染治理技术的累积和创新，新建项目基本能做到污染治理工程高起点设计、高标准建设、高水平运行，并实现达标排污。而对于老旧污染处理设施来说，其减排潜力较大，加快对其提质改造可以满足环境管理的要求，降低因治理不力带来的处罚成本，同时建立起负责任的企业形象，有利于自身可持续发展。

其次，要具体问题具体分析。排污企事业单位性质不同，污染治理设施存在的问题也不同。有的只需要局部改造就能满足要求，有的则因预期处理效果远未达到要求需要重新考量包括选用工艺在内的核心参数。排污企事业单位环保技术人员应在污染治理设施连续运行较长时间后，独立或在有关咨询机构的指导下对其处理能力进行一次系统评估，根据评估结果提出性价比最高的技术改造方案。

第三，要发挥第三方治理公司的作用。在污染治理设施提质改造方面，第三方治理公司大有可为。环保领域第三方公司往往具有较强的工艺设计、基建施工和运行维护能力，可以同排污企事业单位专业技术人员一起综合诊断在用污染治理设施的功能、状况，提出经济且有效的技术改造方案。企事业单位可通过购买服务的形式与第三方公司合作。

环境网格需规范统一

罗岳平　秦迪岚　刘荔彬

国务院办公厅 2014 年 11 月 2 日印发的《关于加强环境监管执法的通知》，明确要求对环境监管执法实行网格化管理。细化监管区域，明确责任主体，有利于将常规监管落实到位。

划分网格是环保系统常用的工作方法。很多工作都涉及网格设计，如土壤污染状况调查、大气污染排放源清单调查，都是按一定的网格开展工作。生态调查、遥感监测等工作也需要设计合理网格尺寸的样方。此外，很多地方正在积极建立环境监管网格体系，推行网格化管理。采用网格化工作模式，将监管力量下沉到各个环境网格中，可以做到人员固定、监管目标明确，真正实现定岗定责。

但是，由于目前没有统一的标准，每个专项都是按照各自理解来确定网格起点和网格大小等要素，互相不兼容。如果对多种专项成果进行综合分析，由于网格不能重叠，很难集成成果。有鉴于此，笔者对统一环境网格提出如下建议：划分环境网格是一项应用广泛的基础工作，应得到重视并尽快制订相应标准。面上的调查或者管理几乎都需要划定网格，以实现精确定位、分片负责等技术或管理目标。统一环境网格后，就可以以地块为单位，分别建立其污染源、土壤、生态等身份证信息。就管理而言，如果关注某个环境网格，只要点击这一地块的经纬度或地标特征物，所有身份证信息就可以展示出来，对综合分析及决策而言非常便利。

环境网格应以 $4 \times 4km^2$ 为基础尺寸，并统一网格起点。$4 \times 4km^2$ 的环境网格具有较好的延展性，如果要加密，可在网格内继续细分为 $2 \times 2km^2$、$1 \times 1km^2$、$0.5 \times 0.5km^2$ 甚至更小；而在平原、荒漠等地区，$4 \times 4km^2$ 的环境网格可根据需要扩大到 $8 \times 8km^2$ 或 $16 \times 16km^2$ 等。

目前，国家各种专项工作，以及一部分省（市）划定了用途迥异的环境网格，其起点有多种考虑。鉴于全国高速公路以天安门为零公里起点，可以比照将第一个 $4 \times 4km^2$ 网格放在天安门广场，以其为中心，外推全国网格。

加强对环境网格的应用。划定环境网格后，要将这一成果发布，特别是公开每个网格的起始点和中心经纬度，使省、市、县三级了解本辖区内的网格分布情况，甚至还可以与社会网格化管理结合起来。

对环境监管任务进行网格化分解是一种有效的管理手段，并已在山西、辽宁、浙江、山东、河南等省成功实践。划定环境监管网格，有利于固定监管对象，确保责任到人，防止出现监管死角。将排污主体锁定到具体的环境网格后，再确定其监管等级。在一个环境网格内，要区别对待环境安全隐患大和相对安全的排污单位。通过网格化划分，排污单位与环境网格可以建立起对应关系，每个排污单位划入所在地的环境网格；关注某个环境网格，其网格内分布有哪些排污单位也一目了然。这种对应关系的建立，有利于快速锁定排污单位，并通过监管责任人员了解其全面信息。

环境网格一旦划定，横向到边、纵向到底，就构成了相对封闭的区域。负责单个或几个相邻环境网格的监管人员要沉下心，全面掌握分管环境网格内污染源的分布、排放状况，做熟悉业务的网主。对每个网主，要定其责，考核其履责情况，严厉问责其失职渎职行为。

此外，每个环境网格内的污染源、环境质量现状等差别较大，可根据环境风险大小实现分类管理。总体上，可将环境网格划分为红、黄、蓝三大类。确定环境网格的颜色后，再制成图，监管重点就可显示出来，据此还可平衡每位监管人员的工作量。

联合监测是一步好棋

罗岳平　潘海婷　吴文晖

　　跨界水体水质到底谁的数据说了算？在很多地区，都会遇到上下游监测数据不吻合的现象。即使是氨氮、总磷等常规监测水质监测指标，监测结果同样存在争议。有时市、县级环境监测机构各执一词，甚至不得不提交上级环境监测机构仲裁。

　　而这种矛盾交织的局面将得到根本改变。环境保护部 2016 年 3 月印发的《跨界（省界、市界）水体水质联合监测实施方案》要求，"十三五"期间，全国近 300 个跨省界、400 多个跨市界水体水质监测断面都将实施上、下游或左、右岸省（市、区）联合监测。跨界水体水质监测对评价水质变化趋势、处置污染纠纷等至关重要，而这种新的工作模式对提高水质监测数据的准确性、公正性和权威性具有重要意义。

　　应该说，开展联合监测的技术路径非常清晰，就是通过采样过程、分析方法、仪器设备和质控手段等的统一，确保联合监测双方出具的数据具有可比性。笔者认为，在一段时间的同步比对和互相监督后，跨界监测工作的准确性、规范性和科学性将得到明显提升。一旦重要敏感断面的水质监测数据可靠了，全国水环境质量监测网络的运行价值就会充分体现，进而推动监测数据在水污染防治、流域生态补偿等环境管理领域的应用。

　　在实际工作中，联合监测断面的选择往往是争论的焦点。理论上，确定联合监测断面应位于行政交界处。但在南方山区，行政分界线的地理、社情等错综复杂，存在交通不便、取样环境恶劣、村民交错居住、两岸行政分界线相分离等情形。这就要求交界双方按照实事求是的原则形成共识，合理设置双方都能接受的监测断面。

河长制本质上是跑一场维持水质标准的接力赛。运动员短跑接力设置了一个接棒区间，确定联合监测断面也要借鉴相同的理念。在行政交界点上下游一定长度范围内，只要没有污染源汇入，略微偏离一点是可以接受的，3～5公里河段的水体自净能力不是影响监测结果的决定性因素。

此外，监测结果的不确定性来源于各环节，尤其是样品保存和实验室分析是薄弱环节。这就要求联合监测双方对具体工作方案进行细致研究，并开展全过程的比对，确保技术水准相当。同时，要不断完善数据交换、综合分析平台。每个联合监测断面都要建立完整的身份证信息，使监测数据源源不断地链接上去。

联合监测是非常好的制度设计，但在起步阶段，肯定存在分析技术支撑不够、比对监测双方数据吻合度差、质控手段需要拓展、工作流程要磨合等困难。如果响应及时，对发现的问题第一时间研究并解决，必将有效提高监测数据质量。

防治铊污染从铊监测做起

罗岳平　　廖岳华　　朱日龙

铊属于有毒重金属。铊化合物对人的急性毒性剂量为 6 ～ 40 mg/kg 体重。铊化合物是世卫组织重点限制清单中列出的主要危险废物之一，也被我国列入优先控制的污染物名单。铊具有极强的蓄积性，对人体会造成持续伤害。我国于 1987 年将职业性铊中毒列为法定的职业病之一。广东、广西贺江 2013 年发生的铊污染事故，铊超标数倍，直接威胁供水安全。因此，当前铊污染亟须引起环保部门高度重视。

防治铊污染首先要对铊有所了解。铊在环境中的分布广泛。铊是一种伴生元素，是自然界存在的典型稀有分散元素。铊具有亲石和亲硫两重性。作为亲石元素，存在于云母和钾长石中；以氧化物或氢化物存在的铊，则较广泛存在于锰矿物中；对含硫酸盐矿物的矿床，铊则通常存在于明矾石、黄钾铁矾中。作为亲硫元素，铊主要以微量元素形式进入方铅矿、硫铁矿、闪锌矿、黄铜矿、辰砂、雌黄、雄黄和硫盐类矿物中，在黄铁矿和白铁矿中也相对富集。含铊矿石、冶炼废渣的风化淋滤，有色、冶金、化工、矿山采选工业废水的排放和燃煤电厂的烟尘沉降等，都是铊进入环境水体的途径。

铊在环境中的分布普遍，但主动公开铊监测信息的地方很少。虽然在已发现铊污染的地区，一些环境监测机构开始有计划地排查铊污染区域，越来越多的铊污染范围被锁定。但在其他有相关产业分布、疑似存在铊污染的区域，由于未意识到潜在的环境危害，或者分析手段没有跟上来，对铊的监测仍未受到足够重视，导致污染家底不清。有鉴于此，笔者提出如下工作建议：

一是开展铊污染专项调查。重金属污染严重的省份，大多矿石采选、冶炼业或钢铁业发达，其使用的原材料中往往伴生有铊，在生产过程中，铊进入环境水体的可能性大、途径多。相关省（市、区）应根据行业生产布局和排污受纳水体情况，安排专项资金，有针对性地开展铊污染水平调查，划定重点关注水域。从目前掌握的信息看，铊污染绝不是个案，一批区域需要重点监视。

二是尽快统一铊的监测技术。使用目前的国标方法分析环境水体中痕量的铊，石墨炉原子吸收法和 ICP-MS 法很难获得具有可比性的结果，特别是如果开展面上的调查，采用原子吸收法，前处理的工作量巨大。宜巩固 ICP-AES 或 ICP-MS 标准方法，委托有相应能力的实验室开展分析工作。

三是建立完善的铊监测网络。环境水体中的铊来自冶炼、钢铁等行业的排放，污染企业要建立自测制度，核算向受纳水体排放铊的总量，并按要求公开信息。环保系统直属环境监测机构要到敏感、重要、交界断面采集水样，定期监视铊污染水平的变化。对铊污染严重的区域，应将铊列为常规监测指标，与其他评价指标同时分析。

铊的分析设备高端，目前还不易普及。企业和基层环境监测机构主要按要求采集、保存和运送水样，确定有资质实验室，送样进行集中分析，既保证了技术水平，又有利于综合分析污染规律。

四是关注废气和土壤中的铊污染。根据有关资料，冶炼等生产过程中，通过废气排放的铊的量可能要远高于废水，因此，要发展废气中铊的监测技术。废气中的铊最终要落地，进入企业周边土壤中，要根据废气扩散、沉降规律，在污染带采集土壤样品进行分析。

五是研究铊污染防治技术。发现铊污染最终是为了解决铊污染。通过来源调查确定排铊企业后，环保部门要督促企业研发或购买实用技术，降低铊的排放量。不从源头削减排铊量，就没有环境安全可言。

六是修订铊的标准限值。国际上关注铊污染的国家并不多，可资借鉴的国外标准限值较少。相比美国，我国的铊标准限值过于严格，有必要独立开展毒理学和流行病学研究，制定相对科学的标准限值。

监测数据准确性如何判定？

罗岳平　张　艳　邓　荣

环境监测数据质量一直备受争议，不断冲击着地方环境监测工作的权威性。环境监测市场放开后，很多第三方监测公司蹒跚起步，极有可能引发更广泛的针对监测数据质量的质疑。

面对误解以及未来可能存在的监测数据失真的现实，有关机构和管理人员必须练就火眼金睛，形成甄别真伪监测数据的能力。笔者认为，对环境监测数据可信与否的研判，应从宏观把握和微观检验两方面入手。

如何从宏观上把握监测数据的准确性？笔者认为，应从 3 个角度来判定。

一是判断监测机构有无工作能力。《中华人民共和国计量法》第 22 条规定，为社会提供公证数据的产品质量检验机构，必须经过省级以上人民政府计量行政部门对其计量检定、测试能力和可靠性考核合格。监测机构必须通过计量认证，从人员、场地、设备、管理体系等方面保证能正常开展监测工作。装备水平、人员数量、注册资金等直接反映监测能力强弱。有的第三方监测公司基本设施配置不强，中标价格又比较低，外委分析预算不足，却报出了很多需要高端仪器设备才能检测的数据，对其可靠性应存有疑问，可要求其提供打印的原始记录供查阅。

二是报告的三级审核完整。按照技术规范，每次监测活动都要有现场和实验室的具体操作人员。一、二级审核由具有一定工作经验和职称的技术人员承担，三级审核由授权签字人完成，并负责对数据报告的全面解释。每级审核人员都有资格和职责要求，只有经过层层把关，才能保证报告内容的准确性。

三是多种渠道来源的监测信息互为验证。以排放污染物的企事业单位为对象的监测比较多样化，既有企事业单位自测，也有监督性监测；既有手工监测，又有自动监测；既有行政管理系统的监测，也有志愿者组织开展的监测。大数据系统一旦建成，监测信息就非常丰富，相互有比较就容易发现差别，从而获得核查线索。要开发以排污单位为主体的信息发布系统，将针对某个排污单位的所有监测信息汇集起来，并从蛛丝马迹中发现造假线索。

通过微观检测，也可以鉴别数据的真伪。具体做法如下：

一要检查其参加监测能力验证情况。可以要求环境监测机构提供最近3～5次参与实验室间能力验证或实验室间比对的结果报告，持续参加这种比对或验证工作且结果合格，表明实验室分析能力得到较好维持。

二要检查监测报告的质控数据。一份完整的监测数据报告应包含监测采取的质控措施等内容，并应详细列举质控数据，对质控结果进行评价。质控手段单一，甚至没采取任何质控手段或质控结果偏差大，则要对此次监测活动进行重点审查。

只有工作流程完整、规范，包括监测任务下达、监测方案制定、采样及样品管理等，才能确保监测结果准确。各环节应无缝对接且严格执行程序文件，使监测全过程处于受控状态，从而保证监测数据的可溯源性。要分阶段采取相应的合理有效的质量控制手段，如在准备阶段，抽查容器的洁净程度；在采样过程，应同步采集现场空白样和现场平行样；对于样品的保存和运输等，要满足温度、光照等要求；交接样品采取密码编码的方式；实验室分析过程采取全程序空白样、平行样、标准样品、加标回收测试等方式。

三要分析监测数据的逻辑关系。监测指标、数据结果同污染源、污染物和样品性状及采样点位等密切相关，数据之间存在一定的逻辑关系，也可用来判断监测数据是否可信。例如，对正常运行的污水处理设施，出水水质应满足相关排污限值且优于进水水质；环境水质的背景采样断面应位于排污口上游且水质优于排污口下游；对同一采样点位且有联系的监测项目，如化学需氧量 > 五日生化需氧量，化学需氧量浓度高，水中溶解氧必然低，总氮 > 氨氮或凯氏氮浓度等。如若出现组分含量高于总含量的情况，则为异常监测数据。

此外，还可通过规律性分析发现异常监测数据。监测数据的规律性分析包括时空分布规律、污染物排放规律、监测指标之间的相互关系规律性等。监测数据规律性分析的专业性很强，需要经验积累，特别是对大数据的科学研究。例如，开展城市环境空气质量监测，O_3、NO_2 等污染物的日变化特征曲线具有相对稳定的波形，峰谷值出现的时间相对固定。通过统计分析，绘制这些污染物的日变化特征曲线，将其与实测数据相比较，就可大致判断当日自动监测结果是否准确。

对监测数据除了用上述方法进行检验，还需特别注意对敏感数据的核查，超标及有争议的数据还应组织专家集体会审，并区别对待日均值和瞬时值、单个样品和批次样品等不同的超标情形。特别是对超标 3 倍以上的监测数据，因为涉及对环境污染案件的量刑，一定要及时、高效、准确，不能使环境监测机构因虚假数据被反诉。

监测数据认可程序亟待优化

罗岳平　田　耘　张　艳

《关于办理环境污染刑事案件适用法律若干问题的解释》（以下简称"两高"司法解释）已实施两年①，对依法惩治环境污染犯罪行为发挥了积极作用，成为环保部门维护环境安全的利器。但在实际工作中，也发现一些原则性的规定在具体操作过程中存在某些不适应，需要及时予以调整和优化。

比如，"两高"司法解释中关于监测数据认可程序的规定就存在这样的问题。根据相关法律规定，为社会提供公证数据的产品质量检验机构必须经省级以上人民政府计量行政部门计量认证。通过计量认证后，此机构就具备了为社会提供公证数据的资格。按照法律面前主体平等的原则，只要通过省级以上人民政府计量行政部门的计量认证，省、市、县三级检验机构就某个检验项目出具的数据都是合法有效且具有同等法律效力的，不能说哪个产品质量检验机构的行政级别高，其数据就更准确，可以优先采用。

从当前实际情况看，通过了省级以上计量认证的环保系统直属环境监测机构，不论是市、县级还是省级，都具备独立出具公证监测数据的资格。但"两高"司法解释要求，要有2个甚至3个平等法律主体建立具有上下级性质的认可关系。其实，计量纠纷只有一种情形，那就是当事人对仲裁检定不服的，可以在接到仲裁检定通知之日起15日内向上一级人民政府计量行政部门申诉。上一级人民政府计量行政部门进行的仲裁检定为终极仲裁检定。因此，笔者认为，

---

① 注："两高"司法解释自2013年6月19日施行。

公检法机关可依法直接采用同级环保部门直属环境监测机构出具的数据，只有存在异议或纠纷时才向上级部门提出仲裁申请。目前，省级环保部门开展的认可侧重于形式审查，重点检查资料的完整性，实质意义不大。即便监测报告存在瑕疵，法律也没有赋予其权力和资格否定下级监测机构的监测数据。

"两高"司法解释关于监测数据上下级认可的规定，不仅挫伤了市、县环境监测机构工作的积极性，而且降低了办案效率，增加了行政成本。因此，笔者认为，对监测数据认可程序做出适度优化和调整十分必要。

第一，允许采用社会监测机构获得的数据，只要此机构具备省级以上计量认证资格，其出具的监测数据就具有第三方公证的法律地位而不能被排斥在认可行为之外。但同时，应提醒参与此工作的社会监测机构存在的法律风险，一旦监测不科学、严谨，则有可能成为被告，并带来比较严重的经济、社会信誉损失，乃至法律追责。将社会监测机构纳入认可体系，对市、县级环境监测力量是有益补充，符合当前环境监测市场化的改革精神。尤其针对当前环境违法行为类型多样、污染指标差异较大的特点，可以有效解决市、县监测机构因为计量认证项目不全，不能出具正式监测报告，而出现的违法行为不能得到及时惩戒的尴尬局面。

第二，实行分级认可的制度创新。对于违法行为现场就地监测，应及时出具监测数据。而对于案情复杂或监测难度较大的指标则走上级认定程序。这样既保证了办案效率，又为重大、复杂的环境污染犯罪把好关。此外，要考虑环境污染物质的复杂性，可按判例法原则，发挥国内已发生的案例对新案例判决的示范和参照作用。

第三，"两高"司法解释应用于打击环境污染犯罪，也要以类似惩治交通违法行为的思维拓宽办案线索，只要认定一种严重污染环境的行为，就可立案，逐步摆脱对监测数据的过分依赖。对惩治交通违法行为，通过测速的方法来抓超速固然是重要的技术手段，但对闯红灯、压斑马线、不按规定变道等直接违法行为，只要抓拍在案，就可予以处罚。实际上，环境监测存在很多不确定因素，固定证据比"两高"司法解释规定的其他情形难度更大。有效打击环境污染犯罪需要把"两高"司法解释规定的第3条情形同其他13种严重环境违法行为综合运用。

第四篇

企事业环保

排污企事业单位的
环境主体责任应强化

罗岳平　周湘婷　李建钊

　　企事业单位排污，环保部门代为受过的现象近年来屡见不鲜。这就如同小学生在街上闯了祸，一躲了之，其校长、教务主任、班主任、家长等被问责。应该说，排污企事业单位对环境污染担责的法律规定是明确的、具体的，但在实际操作中，排污企事业单位一旦发生环境污染方面的事故，往往把包括当地政府在内的监管者推向前台处理善后。实际上，对监管者惩罚再严，也无助于教育好学生。只有厘清各方责任，才能改善环境质量、提高政府的管理水平。

　　要厘清环境污染的主体责任和监督责任，首先要正确认识排污企事业单位的社会性质和地位。任何一个企事业单位，本质上都是自负盈亏的经济实体，要承担基本的社会和环境责任。评价一个企事业单位，不仅要看其经济效益，同时要分析其在社会和环保等方面的表现。经济效益是企事业单位内部的管理事务，不需地方政府过问；而治理污染要花费真金白银，排污企事业的逐利本性决定了他们不会主动开展这项工作，必须由地方政府监督。

　　在日本、德国等国家，企业发生突发环境污染事件，均以企业为主消除污染，事后企业还要被处以重罚，甚至破产。企业知道污染事故发生后对自身经营的沉重打击，乃至违法便意味着企业死亡，因而防范措施严格。应急预案的制作绝不会应付了事，应急物资也往往堆放在厂区内，而不是事故发生后从其他地方紧急调用。这些企业往往会想方设法排查风险，因为他们明白，每完善一个细节就是为企业的未来发展又加上一道保险。

而在我国，排污企事业单位往往是当地的纳税大户，也是当地政府的掌上明珠，各个职能部门从方方面面为其保驾护航。在地方政府的强大保护下，排污企事业单位形成了依赖。长此以往，排污企事业单位逐渐淡化了环境意识，满足于应付了事。

因此，加强对排污企事业单位的监管至关重要。

每个排污企事业单位要有直接监管者，负责日常巡查，上级监管者随机抽查。对下级巡查发现的严重违法排污行为，可提请上级监管者指导处理；对上级抽查发现的违法排污线索，下级监管者要主动核实，配合上级处理到位。不同层级的监管者要共同聚焦排污企事业单位，形成不令自威的格局。

对长期禁止企事业单位违法排污不力而导致环境质量严重恶化的地区，督企要上升为督政。一个地区的污染物排放总量大，要么产业结构不合理，排污企事业单位数量众多；要么某些企事业单位的污染物排放强度大。要解决这个难题，只有地方政府采取有力措施，点源治理可行，淘汰落后产能更加有效。

企事业单位发展不易，全社会都要为其创造宽松的外部环境。但企事业单位对应承担的社会和环境责任不能含糊，尤其不能把利润留给单位，污染留给社会。对企事业单位的社会贡献和影响要宣传，而对其可能带来的环境破坏也要监管到位，并且提高强制性。无污染事故就是最大的节约，也是企事业单位可持续发展的基本保障。

治理责任要落到每一个单位

罗岳平　甘　杰

　　冬季已经不远，很多地方开始强化污染减排举措。据媒体报道，黑龙江省哈尔滨市供暖季正式开启，为有效控制和减少大气污染物排放，将对149家被纳入《2016年哈尔滨市大气污染物重点排污单位名录》的单位进行严格监控。

　　笔者认为，政府部门加强监管，严厉打击违法排污行为是值得肯定的。但在环境治理体系中，排放污染物的企事业单位的作用应有效发挥。因为污染物源自生产或生活排放，只有全面推行清洁生产，企事业单位才能独善其身，才不至于累积成复杂的环境问题。

　　企事业单位的环保责任是不容推卸的。无论何时、何地，都不允许把利润留给企业把污染留给政府和社会。一旦决定投资，企事业单位就要启动环保方面的顶层设计，包括施工期的污染管理、污染治理设施"三同时"制度的执行、投产后的环保日常管理等。

　　企事业领导在认识上要有高度。要清醒认识到，在新的形势下，企业不消灭污染，污染就可能消灭企业。这绝不是危言耸听。当前，环境形势非常严峻，环境监管力度在加大，特别是公众对美好环境的期待越来越迫切，社会监督力量空前强大。谁制造严重污染，谁就没有发展前景。在环保方面掉以轻心的单位，必将自食其果。

　　要对环评环节充分重视。环评是关系到企事业单位生存发展的关键性前置环节，可以消除后顾之忧。通过环评，企事业单位可以了解到项目落址处的社会、经济、环境等状况，并在专业技术人员的帮助下分析环境治理技术是否能满足长期稳定发展需要。在环境适宜的地方科学选址，企事业单位就能健康发展；在不当的地方选址，就可能出现环境风险，导致各种纠纷，企事业单位就难以顺利开展生产。

在单位内部要合理分配环保责任。要全面审视生产工艺流程，准确锁定污染物跑、冒、滴、漏环节，有针对性地加强环境管理和治理。对于工业企业来说，原材料采购、车间现场管理等多个部门，都负有环保责任。要对责任进行分解，明确任务分工和考核标准。

要致力于提高污染防治水平。笔者在国外考察时发现，当地企业环境管理非常科学、完善，政府和公众对其也很信任，形成了良好的环境治理体系。因此，企事业单位要着力于技术进步，通过改造、更新等措施，持续降低污染物排放水平和环境风险。要借鉴发达国家和地区治污经验，争取在污染最小的情况下，生产出最优质的产品。这应成为企事业单位不断追求的目标。

建立企事业单位环保责任清单

罗岳平　华　权　易理旺

　　纵观国外污染防治经验，成熟的污染防治体系都要求企事业单位承担防治污染的主体责任。在我国，《环境保护法》也明确，企事业单位和其他生产经营者要承担多项具体的环保责任。尽管这些关于企事业单位环保责任的规定分散在各章节中，而且有的仅作了原则性规定，但已完整勾勒出企事业单位的环保责任清单。

　　笔者认为，建立企事业单位环保责任清单制度对于企事业单位明确环保责任，更好地履行环保职责至关重要。事实上，每个排放污染物的企事业单位只要内部环保体系完整，重视清洁生产，从源头减少污染物；采取适当措施治理污染并有处置突发事件的能力；如实向社会公布排污信息，缴纳排污费，那么，这个企事业单位基本上是环境安全的，在环境管理方面值得依赖。

　　目前，各省（直辖市、自治区）已陆续出台政府组成部门的责任清单，其建设或监管职责非常明确。而企事业单位还缺乏对其环保责任的详细界定。据了解，有些企事业单位的管理者也有意愿抓环保，以适应绿色发展的形势。但由于获取信息渠道不畅，不知道从哪里着手、做到什么程度。要改变这种状况，就需要建立企事业单位环保责任清单制度，明确其职责以及工作标准。

　　建立企事业单位环保责任清单制度要发挥企业治理污染的主动性和自觉性。企事业单位作为污染制造者，其核心任务是采取一切经济技术可行的措施，最大程度降低污染物的排放量。围绕这个目标，企事业单位应制定完整的环境管理方案，加强污染治理设施的建设与运行维护等。建立清单要在法律的框架下进行，重点明确企事业单位必须在环保方面有哪些作为、要达到的工作标准。实现路径可由企事业单位自行决定，也可以从环境管理部门获得专业指导。责任清单制定好了，落实到位了，主体责任也就不再停留在概念层面上，而是可考核、可依法追究责任的了。

环境管理部门要做到不越位、不缺位。要加强对建立企事业单位环保责任清单制度的宣传和科普。通过强化宣传，帮助企业树立环保责任理念。对企事业单位落实环保责任清单的情况要严格监管，既不要越位，有意或无意参与到企事业单位具体的污染治理活动中；也不要缺位，对企事业单位不投入资金正常运行污染治理设施熟视无睹。工农业生产必须以不损害环境质量为前提，首先把环保责任扛在肩上。

企事业单位环保投入应有刚性约束

罗岳平　曾　钰　刘妍妍

　　企事业单位是污染物的主要来源，同时又是防治污染的主力。只要每个排放污染物的企事业单位达到环境友好标准，环境质量自然会维持在良好水平。很多企事业单位意识到了其在环境保护体系中的关键作用，成立了技术力量较雄厚的内设机构，专门开展污染治理等环境管理工作，一批环保专业人士得以进入企事业直接向污染开战。

　　但笔者了解到，企事业单位的环保工作面临非常尴尬的局面。一方面，从业人员的业务素质较高，环境意识和责任心强，特别是清楚环保法对企事业单位的强制力，有危机感。另一方面，企事业单位的环保投入还没达到理想水平，污染治理效果欠佳且不稳定，从业人员的能力和抱负得不到充分施展。

　　安全生产和环境保护一样，需要企事业单位大量投入资金，但不会产生直接经济效益，一般的企事业单位都采取了能省则省的管理策略。但安全生产目前已较好地解决了资金投入不足的问题，做法值得借鉴。

　　《安全生产法》（2014 年修订）第 20 条明确规定，生产经营单位应当具备安全生产条件所必需的资金投入，由生产经营单位的决策机构、主要负责人或者个人经营的投资人予以保证，并对由于安全生产所必需的资金投入不足后果承担责任。有关生产经营单位应当按照规定提取和使用安全生产费用，专门用于改善安全生产条件。安全生产费用在成本中据实列支。第 90 条又明确法律责任，不依照规定保证安全生产所必需的资金投入，致使生产经营单位不具备安全生产条件的，责令限期改正，提供必需的资金，逾期未改正的，责令生产经营单位停产停业整顿。有前款违法行为，导致发生生产安全事故的，对生产经营单位的主要负责人给予撤职处分，对个人经营的投资人处2万元以上20万元以下的罚款；构成犯罪的，依照刑法有关规定追究刑事责任。

由此可见，按照《安全生产法》，投入安全生产必需资金不是可做选择的行为，而是必须无条件满足。否则，可能要承担严重后果。环境保护也要比照建立刚性约束，对企事业单位治理污染提出资金投入的具体要求。安全事故瞬间的破坏性十分巨大，但环境事故可能影响面更广，经济损失更大，持续时间更长。因此，生态修复难度更大，将环境保护与安全生产相提并论，甚至高看一等，是对企事业单位最好的爱护。只有把环境保护职责履行到位，企事业单位才能获得安宁，专心生产。

将环境保护资金纳入生产成本中作为刚性支出是企事业单位治理污染的基本保障。目前的普遍现象是针对突出环境问题才安排一些资金，缺乏统筹考虑，导致企事业单位在环境方面险象环生。

企事业单位的环保投入要与其污染治理任务量相匹配，既不要加重企事业单位的负担，也要防止因为资金量不够而不能维持最基本运行的情况发生。对企事业单位独立预算的环保资金，可依托本单位技术力量治理污染，也可以走第三方治理路线。

"三同时"要落实建设单位主体责任

罗岳平　李建钊

　　"三同时"制度按照"预防为主"的原则，提前设计、建设各种基础设施，避免了返工或弥补性施工。这既节约了投入，也防止了新的建设项目带病投入运行，有效降低了事故损失，是提高建设项目安全性、卫生性、环境友好程度等的重要法律制度。

　　"三同时"制度是重要的事前保障措施，有利于从源头控制各种风险和事故隐患，对规范建设项目管理发挥了重要作用。我国在安全生产、职业卫生、环境保护、消防安全、水土保持、节水管理、防雷、地质灾害预防设计、防洪排水等多个领域都依法建立了"三同时"制度。但在实际工作中，经常出现执行力不高、基础支撑薄弱、主体责任界定不清、事中事后监管缺位等问题，以及一些建设方反映的验收效率低、经济负担加重等情况。为此，多个部门正在按国务院的部署开展行政许可事项改革，规范"三同时"制度。

　　环境保护部 2016 年 7 月 15 日印发《"十三五"环境影响评价改革实施方案》（以下简称《方案》），也对"三同时"提出明确要求。内容包括落实建设单位的主体责任；取消环保竣工验收行政许可；建立环评、"三同时"和排污许可衔接的管理机制；将企业落实"三同时"作为申领排污许可证的前提，强化建设单位"三同时"信息公开制度等。

　　根据《方案》，建设项目在投入生产或者使用前，建设单位应当依据环评审批意见，委托第三方机构编制建设项目环境保护设施竣工验收报告，向社会公开并向环保部门备案。而属地环保部门要按随机抽查制度要求，对"三同时"执行情况开展现场核查，对发现的环境违法行为依法处罚。

笔者认为，这样既厘清了主体责任与监督责任，又进一步减轻了企业负担，提高了工作效率，促进了万众创业。

落实建设单位"三同时"主体责任。

笔者认为，《方案》的一大亮点，就是对"三同时"制度的事权进行了科学划定。特别是强调了企业必须履行"三同时"的法定义务，实施"三同时"的主体责任是建设单位。

具体来说，建设单位必须围绕排污许可指标选择污染治理工艺，完成设计后组织施工建设，竣工后评价其治理效果并在生命周期内一直维持治理能力，实现始终环境友好的目标。由此可见，"三同时"要求建设单位要按照环保要求，不受干扰地建设好、运行好污染治理设施，担负起主体责任；而环保部门要不定期检查污染治理效果，处罚超标排放行为，担负起监督责任。也就是说，主体责任和监督责任是并行的两条工作主线，不应出现交叉情况。

而目前的环保"三同时"制度，往往是主体责任和监督责任交织在一起。先是建设单位主导工程设计和建设，然后交给地方环保部门完成竣工验收，再把运维责任交回企业。而如果环保部门在后期的监督管理有缺位，就可能造成污染治理设施虽建成却不能发挥预期作用的现象。

改革前，由地方环保部门直接组织"三同时"竣工验收，并向建设单位收取费用。而这不仅在制度设计层面上留下了权钱交易的隐患，在法理上也是不允许的。此外，对于建设单位来说，治理工程从开始设计到最后稳定达标运行是一套完整的工作流程，环环相扣。监管部门在某个环节的介入，在一定程度上会打乱建设单位的总体安排。通过改革，建设单位负有执行好"三同时"的全部主体责任。特别是竣工验收的主体责任归回给建设单位，建设单位要选择有资格单位或第三方机构完成竣工验收，并形成书面报告备查。

强化环保部门"三同时"监督责任。

"三同时"一旦竣工并投入生产或使用，当地环保部门的监督责任就要立即到位。笔者认为，要分两阶段实施事中事后的监管。

第一阶段，检查建设单位的"三同时"竣工验收情况。对竣工验收报告，要按照不少于总数 10% 或更高的比例进行随机抽查。可结合其他环保许可事项如排污许可，对竣工验收报告进行审查。抽查或审查以书面方式为主。如果对竣工验收报告的实质内容存在疑问，应派两名以上工作人员到现场进行核查，当场提出核查意见，并如实记录在案。

第二阶段，长期的监察执法或监督性监测。督促企业继续完善污染治理基础工作，并适当开展技术改造，进一步提高污染治理能力。以现场检查、监督性监测等为抓手，严厉打击环境违法行为。开展各种形式的专项行动，整治突出问题。此外，关注中型、小微企业，防止这些企业出现污染治理工作无人管、不会管的情况。

要确保竣工验收质量。

将环保"三同时"竣工验收主体责任交还给建设单位必须确保验收工作质量。项目建设单位思想上不能松懈，工程质量、工艺效果不能下滑。同时，如果受委托单位责任心不强，受利益驱动，可能会使其验收把关不严，把隐患带入以后的日常运行中。

笔者认为，市场经济需要秩序，应立规矩在先，通过结果的严惩倒逼源头的严控。只有让不严格执行环保"三同时"制度者和验收造假者付出沉重代价，才能让其他生产经营者产生敬畏之心，做到违法必究、执法必严。

笔者认为，由项目建设单位自主组织环保"三同时"竣工验收，本质上是一个购买环境服务的问题。由于污染治理的专业技术性较强，建设单位可能委托其他环保公司来完成治理工程施工任务。是否达到预期要求，需要再次购买验收服务予以评判。环保"三同时"竣工验收与行政许可脱钩后，环保部门直属的环境监测机构也可提供监测服务，承接由建设单位自主开展的竣工验收业务，且其结果只对企业负责，两者之间是一种合同关系。但无论由谁来开展环保"三同时"竣工验收，都要适当精减工作内容，特别是剥离由建设单位自主决策的事项，以及依法由其他部门负责的事项。此外，建设单位要加大"三同时"信息公开力度，全方位接受社会监督。

总之，"三同时"作为科学的制度设计，应得到切实执行。按以前的竣工验收模式，环保部门过于重视事前监督，对事中事后关注不多。实行改革后，各方的关系被理顺。环保部门不再代替企业履责，而是集中精力加强对过程和结果的监管，采取明察暗访、严格执法、诚信体系建设等非审批手段，继续推进企业落实"三同时"制度。

进一步统筹污染源监测

罗岳平　甘　杰　胡华勇

　　污染源监测是环境监测的重要组成部分。开展好污染源监测，首先要落实企事业单位自测制度。企事业单位作为责任主体，最清楚排污节点和排放污染物种类，应制订科学严谨的监测方案，全面系统的实施监测计划，将排污情况客观真实的向社会公布，接受监督。此外，针对本单位存在的环境风险，形成相应的应急监测能力，或联系好委托监测单位，关键时刻能获得有效的应急监测服务，而不是坐等政府系统的应急监测增援。

　　针对污染源的监测还包括监督性监测、在线及比对监测、总量减排监测、污染治理设施处理效果评价监测等。每类污染源监测都有其特定目标和工作要求，例如，监督性监测具有行政管理性质，通过比较全面的监测，评价企事业单位是否稳定达标排放污染物；在线监测则连续反映企事业单位的排污水平，通过比对监测校正系统误差。总体来看，环保系统内部不同部门会从各自角度对污染源监测提出数据要求，以满足管理需要。随着环保业务稳定化运行，这些需求逐步固定下来，具有了例行监测的特性。这就要求各级环境监测站加强对污染源监测工作的统筹，以最低的人力和资金成本获得最完整最全面的监测信息。

　　具体来讲，针对某个污染源的监测业务要整合。每去一趟排放污染物的企事业单位成本较高，那就每行动一次则完成全套的监测任务，所有资料整理完毕后，分送不同管理部门，以利于其主动掌握污染源的相关信息。

抵达污染源监测现场后，有关技术人员应兵分几路，优先开展与工况紧密相关的监测，如盯紧各种类型的污染物排口和在线检测设备等，再安排资料查阅性质的检查。目前急需夯实的基础性工作是归类针对污染源的监测，设计好相应的记录表格或文书，将监测成果以固定的形式表达出来。通过污染源监测工作的标准化、规范化建设，以后去现场执行任务，分类填写表格或文书，回来后分送相应管理部门，从而达到一次出动但取得多项成果的效果。

统筹污染源监测也是减轻企事业单位负担的需要。如果管理部门间的工作缺少协调，零散的监测不断，企事业单位应接不暇，既招致怨言，也降低了监测工作的权威性，并使监测人员疲于应付，效率不高。各个管理部门应系统提出对污染源监测的要求，以利于监测站归类整理。

统筹安排污染源监测本质上是利用一次机会对排放污染物的企事业单位进行最全面的体检，这对监测团队的素质要求较高，其内要有质控专家，具备评价企事业单位自测开展情况的能力；要有现场监测专家，懂工艺，很快就能锁定排污节点；要有操作能手，采样技术精湛等。每个直属环境监测机构要打造3～4个这样的小团队，随时拉得出，主动或被动接受指令后在辖区内有效开展工作。

"双随机"抽查可带来阳光执法

罗岳平　潘海婷　甘　杰

为优化服务，切实解决检查任性和执法扰民、执法不公、执法不严等问题，减轻市场主体负担，国务院办公厅 2015 年 8 月 5 日下发《关于推广随机抽查规范事中事后监管的通知》，要求按照随机抽取检查对象、随机选派执法检查人员的"双随机"抽查机制开展事中、事后监管。

"双随机"抽查机制在一定程度上限制了自由裁量权，尤其是保证了市场主体和被监督对象权利平等、机会平等、规则平等，促进阳光监督和执法。在"双随机"模式下，监管单位全部入库，有资格检查人员全部入库。计算机随机产生待检查单位名单，再随机产生检查人员名单，检查人员通过摇号匹配要去检查单位。通过"双随机"选择，待检查单位无法与有资格检查人员建立固定的联系，在一定程度上可遏制人情执法。

环保工作涉及不同形式、不同类型的检查，首先是对排污企事业单位的现场监察，其次是监督性监测，第三是各种专项检查，包括环保工程、综合整治等的检查验收等，被检查对象非常广泛。笔者认为，环保工作应广泛应用"双随机"原则，但在工作中要注意以下 5 方面。

一要科学设定环保领域抽查事项并及时公告。要以新环保法等法律为依据确定需要采取"双随机"抽查方式的事项。明确抽查主体、内容、形式、标准和抽查结果公布渠道等并公告公示，使被检查单位或个人知晓环保部门的抽查事项是要干什么，要达到什么样的标准，抽查结果将得到怎样的公布和运用。

二要深入研究"双库"的建立与完善。如何建设和完善抽查项目库和人员库是建立抽查机制的基础。就抽查企业及项目而言，其属性差别很大，有的潜在环境风险大，有的则相对安全。为此，要依据排污企事业单位的潜在环境风险分类分级建库，假设环境风险大的为库1，环境风险中等的为库2，相对环境安全的为库3，并分别按不同频次抽取，将3个库的抽取结果集成为一组，既保证了重点，又兼顾了全面。人员库也可细分为组长库、骨干库和工作人员库，依次随机抽取进行组合，使得每次抽查可由一个行政能力和技术力量完美搭配的团队实施。

三要建立全程留痕的抽查负责制。"双随机"抽查旨在通过规范程序营造公平公正监管执法环境，因此必须充分运用现代化信息技术，加强硬件软件能力建设，采取各种电子化的手段对抽查的全过程进行保留，便于在日后产生疑义时留有证据。要明确抽查人员的权力与责任，建立抽查责任制，参与抽查的人员对当次抽查负责，其他人不得干预抽查过程和抽查结果。

四要形成有效应用抽查结果的强大震慑。如何抽查是个技术问题，运用抽查成果则是管理和社会问题。应用结果是对"双随机"抽查制度的最好维护，也是促进其规范化的最大动力。笔者在比利时考察农产品安全状况时了解到，面对一片约500亩田地的苦苣（欧洲人喜欢生食的一种略带苦味的叶类蔬菜），快到收割上市时，质监部门的工作人员就会到现场随机采集5个样本。只有农残检测全部合格，这批苦苣才能收割上市，否则，全部就地销毁。由此可见，要实现高效监管的目标，关键在于对抽查结果的严肃应用，被监管人知道违法或违规的后果是倾家荡产，必然对抽查监督心存敬畏，才能促使被监管人提高守法自觉性。就排放污染物的企事业单位而言，公正规范的监管行为是一种严格的约束，因为不知道何人何时会来突击检查，如果不想为违法排污付出沉重代价，就只有始终保持达标排放的状态，从而强化排污企事业单位的自律意识。只有规范对抽查成果的运用，才能保证"双随机"抽查可持续，获得支持和尊重，才能营造公开、公平、公正的市场和法制环境。

五要打造适应"双随机"抽查队伍。打铁要靠自身硬，建立"双随机"抽查新机制的关键还是要靠人。抽查方案的顶层设计需要高素质的人才，而"双随机"抽查机制的具体实施时要落到实处则更需要大量的监管人员。必须加大培训力度，对从事抽查的工作人员进行工作机制、环保管理业务等的全面培训，提升整体监管能力水平，确保由一支作风素质过硬的环境监管队伍从事"双随机"。

污染源抽查监测应做到双随机

罗岳平　田　耘　童若辉

双随机抽查制度正成为一种成熟的工作模式，并被写入今年的政府工作报告。事实上，双随机已在环境监察领域得到广泛应用，并取得良好效果，环境监察的规范性进一步提高，同时有效控制了环保部门的廉政和失职风险。

按照污染源监管下放一级的指导思想，对污染源的监管成为地方事权。对此，省级环保部门需加强总体设计，确保下放接得住、接得稳，对辖区内污染源监测到位。对市、县级环境监测机构，若属地内的监测力量和污染源数量相匹配，应实现监测全覆盖；但多数情况下，对污染源监督性监测应采取抽查方式。

对省级环境监测机构而言，采取双随机对污染源进行监督性监测是唯一选择。一方面，可依托省级环境监察机构的双随机开展，实现一套抽查方案、两支队伍联动，互相配合、高效工作；另一方面，监测站（中心）自己建库，将污染源按风险大小和守法情况等分类，自行生成双随机抽查名单，并结合企业自测不规范、在线监测运行不正常、存在超标或污染投诉等情况，补充完善抽查对象，必要时可提高抽查频次和抽查力度。

市、县环境监测机构双随机抽查与省级类似，但其抽查比例更高。由于任务较重，监察、监测部门联动有时难以协调，开展独立监测的情况较多。这就要求监测人员要注意证据链完整性，包括保存采样视频、现场记录和签名等。一旦把超标结果移交监察部门处理，监察部门根据固定证据就能进入立案程序。

　　针对抽查到的对象，要深入研究监测内容。全面监测的主体责任落在被抽查的企事业单位，其必须确保监测指标全覆盖，监测频次、监测方法等符合有关技术规范要求，并向有关部门报送和向社会公开信息。环保系统直属监测机构开展的监督性监测，既可是全指标的监测，也可在综合分析基础上只选择部分敏感、超标的指标进行监测。具体采用哪种方案，应视监督目的而定，以满足客观评价企事业单位自测数据质量或准确判定超标事实等为原则。有效的监督性监测，不在于过程繁琐或程序复杂，关键在于切中要害，能够发现或澄清问题，以最小的成本、最快的速度为企事业单位在环境守法方面的现实表现作诊断并给出明确结论。

　　将污染源监测事权下放，本质上是将确保区域内环境安全的责任重心下沉，夯实基础。对省级环保部门来说，以前是国家污染源监测方案执行者，现在变身为本地区污染源监测方案的制订者。由于省、市、县三级分头实施的弹性空间大、挑战更大，省际工作质量的差别相应会更加明显，因此需要每个省（市、自治区）独立思考，同时加强技术交流，同步完善本地区的污染源监测策略。

实现尽职免责的有益探索

罗岳平

摇号执法无疑是对基层环保工作者尽职免责的有益探索。

基层环保压力大，源于群众期盼高。在普通民众心里，环保局就是环境安全的保护神，管控好一切污染源是天职。但在经济发达地区，企业数量众多，环保监管人员数量相当有限，工作任务与支撑力量完全不对等，失责的风险无处不在。做好制度设计，提高环保监管人员的职业安全性，对稳定基层环保队伍意义重大。

要实现尽职免责的目标，首先要厘清企业和环保部门各自的责任。控制污染源的主体责任在企业，企业应采取一切措施实现稳定达标排放，并减低环境风险，杜绝污染事故。如果发生突发污染事故，企业应当自主消除影响并承担经济赔偿等责任。环保局对排放污染物的企事业履行监督责任，不定期抽查其污染物排放状况。两种责任的特征不同，主体责任是持续不断的，监督责任则是间歇式的。两者的表现形式也不一样，主体责任要稳定维持，监督责任则根据瞬时状况做出评价，也就是环保局以现场检查时到企事业单位的现实表现为评判基础。

当环保监管人员的数量与排污企事业单位的数量相匹配时，监管应全覆盖。但在更多情况下，监管任务重而人数少，随机抽查是最主要的工作方式。应该说，只要随机产生监管对象的过程是科学、合理的，每次现场监察结果是准确、可靠的，基层环保监管人员就可做到尽职免责。因为监管是按照既定方式开展的，如果有环境风险未被发现，那是工作方法的固有缺陷，与不作为、懒政等人为因素无关，不应追究监管人员的失职。主体责任是全面系统的，监管责任则有不确定性，只要是有计划进行的，就不应被问责。

基层环保监管人员担心，抽查过的企事业单位环境安全，没去过的却出了污染事故，躺着中枪。笔者认为，只要完善了随机抽查制度，并按程序报批了，没去督查过，也应免责。随机抽查制度的推行，将在一定程度上减轻基层环保监管人员的思想负担。

应加强污染源监督性监测

罗岳平　周湘婷　郭　卉

污染源排放是因，环境质量恶化是果，只有控制住导致环境质量恶化的污染源，才能说得清环境质量为什么变好或变坏。因此，必须将污染源监督性监测与环境质量监测协调并重，同步开展。

目前，各地对于环境质量监测非常重视，主要人员和技术力量都用于环境质量监测，以满足考核需要。而污染源监督性监测既无工作要求，也不带来经济效益，无形中被边缘化。事实上，如果污染源没治理好，环境质量监测结果也会不理想，高压之下，数据失真将成为可能。

污染源监督性监测和环境质量监测一样，都是各级环境监测机构的核心任务，只有说清了污染物排放状况，结合环境容量分析，才能说得清环境质量状况。为此，各级环境监测机构应提高对污染源监督性监测工作的认识，加强污染源监督性监测的人员力量，使其数量和素质与所承担的任务相匹配。

一是切实提高污染源监督性监测工作的权威性。监督性监测是环境监测机构代表环保主管部门现场核查污染源的排污状况，体现的是环保工作的权威，企业不得以任何形式阻拦监督性监测工作的开展。监督性监测结果出来后，对于超标的污染源，环境监察机构应立即跟进调查。监督性监测结果应用得越好，对污染企业的震慑作用就越强，也更能坚定环境监测工作人员的信心。

二是加强污染源监督性监测技术的研究。受治污效果影响，很多污染源处于不稳定的排污状态，有的生产工艺本身就是间歇性排污，因此，污染源监督性监测应以"三同时"验收监测方案为基础，一企一策，保证企业重要排污节点监测到位、准确。污染源监督性监测的权威性来源于工作的规范性和准确性，只有把每个细节考虑在内，每一步操作都是规范的，监督性监测结果才经得起推敲，让污染企业信服。污染源监督性监测要解决的技术问题很多，尤其是废气采样及其分析技术要重点关注，省、市环境监测机构要善于总结经验，分类制定监督性监测技术规范，逐步构建完整的标准体系，使监督性监测有据可依。

三是下放污染源监督性监测权限。理论上，国控污染源应由国家直接开展监督性监测和评价，但从成本和人员力量角度看，并不完全具备可操作性。对污染企业而言，接受监督是基本要求，但由哪一级来进行监督不是企业要选择的。只要环境监测机构具备相应能力，可就近安排监督性监测任务。这样，应急监测反应快、成本低，是比较合理的监督性监测方式。建议以省为单位，建立污染企业名单，再分市（州）确定对每个污染企业开展监督性监测的责任单位，使每个污染企业对应一个监测机构，从而将污染源监督性监测落到实处。

四是保障污染源监督性监测工作经费。污染源监督性监测履行的是行政管理职责，不能面向企业收费。前些年，中央财政安排了污染源监督性监测经费，但在不少省、市，由于没有认识到开展污染源监督性监测的重要意义，监测工作没有做到位，资金没有利用好，导致人们误以为这项工作意义不大。在严峻的现实面前，各级环境监测机构要认真测算工作量和相应的经费数目，主动向上级报告，争取支持。同时，加强监测工作能力建设，资金保障要到位。

五是把握开展污染源监督性监测的工作技巧。污染源监督性监测既要保证随机性，又要加强针对性。从工作原则上讲，监督性监测应随机选择待测企业，但持续开展一段时间后会发现，有的企业守法意识强，其自测是可信的，有的企业污染物排放量小、毒性弱，有的企业排污状况稳定等，这就要加强规律分析，集中精力监测排污量大且自觉性差的企业。企业自测信息公布后，要加强数据分析，从中发现监测线索，跟踪开展监督性监测。对大型污染企业，全面开展一次监督性监测可能需要动用大量人力物力，在这种情况下，要善于抓主要矛盾，优先监测关键排口或者分阶段监测，每次监测一个工区或生产环节，通过几次监测得出综合结论。

此外，环保部门应编制污染源监测年报，分门别类，将针对污染源的监测成果展示出来。环境质量年报和污染源监测年报应成为表达环境监测机构工作实绩的两个主要平台。比照环境质量年报，污染源监测年度编制也要标准化。

弹好污染源监督性监测四部曲

罗岳平　甘　杰

　　污染源监督性监测是环保部门为监督排污单位的污染物排放情况和自行监测工作开展情况而组织的环境监测活动，所获得数据是开展环境管理和监察执法的重要依据。环境保护部要求从 2014 年 1 月 1 日起执行《国家重点监控企业污染源监督性监测及信息公开办法（试行）》（以下简称《办法》）。此《办法》的实施，是环境管理战略转型的一个亮点，标志着环境质量监测信息和污染源监督性监测信息同时向社会公开，更有利于主动接受公众监督，提高群众的环境知情权和环境信息透明度。同时，这对承担污染源监督性监测工作的环境监测机构提出了新的挑战。

　　为适应新形势、新要求，环境监测机构应创新思路，苦练内功，弹奏好污染源监督性监测四部曲。

　　第一，弹奏好有的放矢前奏曲。

　　首先要抓住重点，增强污染源监督性监测工作计划性。环境监测机构应当依据行政主管部门印发的污染源监督性监测工作年度计划或专项计划，制定针对性强、操作性好的监测实施方案。就省级环境监测机构而言，需对辖区内的国家重点监控企业开展飞行监督监测。这类企业数量众多，因此，需要科学筛选，优先监测 6 类企业，即污染物排放量大的企业、涉重金属企业、具有较大社会影响力的上市公司、历年来超标较多的企业、环境风险较大的重点地区的关键企业以及群众投诉多的企业。

其次要行动迅速，增强污染源监督性监测工作的威慑力。开展污染源监督性监测，既要强调计划性，也要保证灵活性。如果通过污染源在线监控系统发现企业有超标排放情况，必须快速响应，第一时间赶赴现场开展监测。这种时效性强的监督性监测，可彻底打破污染企业违法排放的企图，形成持续高压威慑。

第二，弹奏好严谨规范进行曲。

一要严格按照规定的监测频次、监测因子开展监测。如果存在超标现象，应适当增加监测频次。监测因子的确定，应结合总量减排的要求、行业或地方排放标准的要求和企业环评报告书及批复的要求等，争取每开展一次监督性监测，结果可满足多种评价需要，从而降低工作成本。不论废水还是废气监测，均应测流量。

二要严格按照技术规范开展监测。现场监测标准体系日趋完善，从2011年至今，重新制修订的各行业水污染物和大气污染物排放标准共计30余项，这就要求从事污染源监督性监测工作的技术人员既要注重经验积累，又要及时更新知识库储备，掌握新标准新方法。如2011年环境保护部、国家质量监督检验检疫总局发布的《火电厂大气污染物排放标准》，收严了大气污染物排放浓度限值，同时增加了汞及其化合物作为监测项目等。很多人关注到这些变化，但监测标准方法的变化则容易被忽略，即现在通行的定电位电解法已不再是火电厂氮氧化物测定的标准方法，取而代之的是紫外分光光度法和盐酸萘乙二胺分光光度法，监测时需相应地更新设备和试剂。

三是保证监测证据链的完整性。开展污染源监督性监测工作时，技术人员应及时填写各种现场监测工作记录，并要求企业代表签字确认。如被监测单位拒绝签字，应在现场监测工作记录上注明，同时，对监测人员采样过程及企业主要污染防治设施、排污口等相关场景拍摄照片或视频，作为证据留存。为维护监督性监测数据的法定地位，一定要关注各种细节过程的处理，确保证据链完整。

第三，弹奏好及时高效片尾曲。

从事污染源监督性监测工作的技术人员应对超标或异常数据高度敏感，一旦发现超标或异常数据，应立即组织相关人员认真分析，查找可能产生的原因，并在第一时间以快报形式书面向同级环保主管部门提交相应的监测数据和报告，便于环境监察部门迅速对超标排放企业下达整改要求或进行行政处罚。

《办法》对监督性监测的几个关键时间节点提出了明确要求：环境监测机构需在完成监测工作后的 5 个工作日内，将监督性监测报告报送同级环保主管部门；环境执法机构应在收到污染源排放超标数据后的 10 个工作日内，开展环境执法；环保主管部门在获取污染源监测信息后，应在 20 个工作日内公开污染源监督性监测信息。及时编制环境监测报告是开展其他各项工作的基础和保证，务必在准确性和时效性等方面用足功夫。

第四，弹奏好部门联动协奏曲。

环境监测和环境监察机构要建立协作配合机制。环境监测机构应及时向环境监察机构提供污染源排放数据，并对数据的真实性和准确性负责。环境监察机构及时向环境监测机构提供企业污染物不外排、企业停产或永久性关停等信息，以免监测人员在对企业生产情况不明的情况下贸然前往，结果因不具备工作条件而浪费监测资源。

环境监测、监察工作的无缝对接，突出表现在信息交流的通畅性方面。超标数据如果能迅速从环境监测机构流转到环境监察机构，就有利于及时办案，树立环保部门的权威形象。环境监察机构发现蛛丝马迹，告之环境监测机构即时监测取证，就能将案子办好。

监督性监测亟待优化

罗岳平　李建钊　甘　杰

　　环境监测已全面融入环保工作主战场。目前,开展的监测工作可以分为"三同时"验收监测、企事业单位自测和环境监测机构执行的监督性监测。三者是一脉相承的制度设计。

　　通过"三同时"验收监测,检验排放污染物的企事业单位是否具备污染处理能力。企事业单位开展自测,是对企业治污能力的常态化评价。具有飞行检查性质的监督性监测则是督促企事业单位正常运行污染治理设施的外部监督机制。

　　针对企事业单位开展监督性监测是环境监测机构的基本业务之一。确定某个企事业单位排放污染物的种类及其总量是厘清此单位环保责任的前提。有效的监督性监测可以提前引起警觉,为降低环境风险争取时间。因此,开展企事业单位监督性监测至关重要。

　　近年来,随着环境监测任务量增加,工作压力增大,环境监测机构开展环境监督性监测情况不容乐观,面临失责风险。

　　监督性监测为何难完成?

　　对企事业单位的监督性监测之所以没有取得预期效果,主要原因如下:

　　一是思想认识上的偏差。一些基层环境监测站没有认清主业的工作内容,而将大部分精力放在收费等副业上。有些开展了监督性监测工作的基层环境监测站在工作过程中发现了超标排污现象,但监测结果未得到有效应用,挫伤了积极性，不愿主动深入企事业单位开展相关工作。

二是工作经费不足。监督性监测履行的是政府监管职能，不能面向企事业单位收费，只能依靠财政拨款。但目前这笔经费仍未列入环保部门预算经常性科目，而是从中央财政污染物减排专项资金中安排，且金额逐年压减，不利于监督性监测工作的完成。地方配套安排资金无据可依。没有工作经费作支撑，很多基层环境监测站尽量不开展这类监测。

三是监测能力不够。人员数量不足，导致技术力量超负荷运转，而无法统筹安排；缺少基本装备，特别废气监测装备不足；技术储备少，技术人员没有过硬的技术，没有开展监督性监测的底气和勇气。

四是制度设计存在不合理因素。很多监测机构反映，有关规定对企业监督性监测要求频次过高，基层监测站的工作能力不能支撑。有的市级站，辖区内有 200 多家涉重金属企业，按每两个月一次的频次，工作量无法承受。还有的监测要求过高，基层监测站不具备能力，致使相关监测停留在概念层面。

不论是什么原因导致对企事业单位的监督性监测不能完全落地，带来的后果都非常严重。致使一些企事业单位超标排污的行为长期得不到披露和制止，一旦环境危害集中暴发，污染受害者和造成污染的企事业单位遭受的损失都不可逆转。必须加强政策引导，采取科学措施，优化对企事业单位的监督性监测工作。

怎样优化监督性监测？

具有潜在环境危害的企事业单位数量多，特别小微企业分布散，全部纳入有效的监管范围，难度可想而知。为此，要加强宏观设计，把握监督的主动权。

一要拓宽信息渠道，提高监督性监测工作的针对性。

首先，监测机构有自主选择需要开展监督性监测的企事业单位名单的权力。环境监测机构按监督性监测全覆盖的要求，根据环境管理需要，以设定节奏开展巡查性质的监督性监测。其次，监测机构可以依据监测系统以外的信息开展监督性监测，主要包括现场监察移交的线索、环境纠纷案件、群众投诉等。对每一级环境监测站，应以自主性质的巡回监督性监测为基本任务，穿插以外界信息来源的监督性监测，形成常规监督性监测与临时监督性监测互补，但以常规计划性监督性监测为主的格局。

二要整合任务，提高监督性监测数据的共享水平。

当前，监测任务多头下达，数据资源不共享的现象比较突出，既消耗了监测力量，又使企事业单位产生环保工作不系统、条块分割严重的不良影响，损害环保形象。为此，要加强监测工作统筹，特别是保证监测方案科学、完整。每次开展监督性监测前要制订周全的监测计划，对一个企事业单位进行详尽的环境体检，并形成数据库。开展单项环境管理工作时，从数据库中提取相应信息即可。

三要落实监督性监测分级管理制度。

自测是企事业单位应承担的基本环境责任之一，必须100%地开展，并且要严格落实其主体责任。环境监测机构要履行监督责任，协助行政主管部门检查企事业单位是否开展了自测、监测能力是否匹配、监测质量管理水平如何、有无篡改监测数据等情况。监督性监测的比例应视辖区内企事业单位的数量、监测任务的难易程度、当前的监测能力等因素确定。

企事业单位污染源按其属性、生产规模等划分为国控、省控、市控和县控4个层次。列为国控污染源的企事业单位，国家要真正控制起来，针对这个群体，提环保技术要求，落实管理措施，发挥其环保示范或减排主力等作用。就监督性监测而言，也可采取由中国环境监测总站派人现场指导、质量控制或省（市、区）站（中心）交叉检查等手段，保证监督性监测工作的质量和权威。

谁是污染源自动监控的主体？

罗岳平　甘　杰　李建钊

　　监管企事业单位违法排污就如同交管部门查处汽车行驶超速。每辆汽车都安装了测速仪表，驾驶员根据速度显示控制油门，保证不超速，这就是自行监测。但有的驾驶员规则意识不强，习惯性超速，于是在合适的地方安装摄像头，抓拍超速汽车，这就是监督性监测。交管部门不能为了防止汽车超速，就在每台车上装测速仪，尽管在技术上并没有难度。交管部门抓超速，主要依靠驾驶员依据自测自觉控制车速，花少量成本监督性抓拍。对污染源的排污监管要遵循相同的原理，以企事业单位自我管理为主，环保部门不定期随机抽查。如果由财政出资为排污企事业单位安装自动监控系统，就如同交管部门为每台车装测速仪防超速，管理成本高昂且效果有限并不具有可行性。

　　在环保系统内部，对污染源自动监控系统主体责任的划分一直存在争议。有人认为，污染源自动监控系统首先是强化现场环境监管的手段和工具，应当由环保部门运行管理。而另外有人则持相反意见，认为企业自行监测并公开排污信息是企业社会责任的一部分，是企业的义务。

　　因此，当前必须形成共识，笔者认为，无论从法理上还是实际工作中，污染源自动监控系统的运行主体都应是企业，而不是环保部门。

　　从法理上分析，根据新《环保法》第55条，重点排污单位应当如实向社会公开其主要污染物的名称、排放方式、排放浓度和总量、超标排放情况，以及防治污染设施的建设和运行情况，接受社会监督。因此，环保部门可责成重点排污单位通过手工或自动监测公布其排放污染物的浓度和总量。鉴于国控重点排污单位的排污点多、量大，甚至毒性大，依据第42条规定，要求重点排污单位按照国家有关规定和监测规范安装使用监测设备，保证监测设备正常运行，保存原始监测记录。环保部门完全可依法要求特定排放污染物的企事业单位安装污染源自动监控系统，满足环保部门管理需要。

从实践上分析，各级环保部门是污染源自动监控系统的监督者，裁判员的身份不能承担运动员的工作任务。污染源自动监控是一项系统工程，各级环保部门的人员现状都不足以胜任这项繁重的工作。按照国家体制改革精神，污染源自动监测属于市场行为。如果由政府大包大揽，则与改革方向相悖。

新《环保法》第42条规定，重点排污单位一旦采用自动监测，就要规范运行，并且保留原始监测记录。而第55条要求污染物排放信息公开，企事业单位可根据本单位污染物排放特征选择手工或自动监测方式，只要能说清污染物的排放浓度和总量即可。笔者认为，应把这两个条款结合起来理解，环境管理部门的首要职责是确定需要安装污染源自动监控系统的企事业单位清单，然后提出建设和运行要求，督促重点排污单位履行法律规定的义务。当务之急，是回头审视哪些企事业属于国家要监管的重点排污单位，把清单做实，再依法严管。

如今第一代污染源自动监控系统运行已进入设备老化、需要更新阶段。准确定位这些系统非常迫切。要么财政继续投入，要么就回归企事业单位污染治理设施本性。只有每个环节的责任主体明确了，并且履职到位了，才能提高自动监测数据的准确性。

自动监控系统主体责任归谁？

罗岳平　甘　杰　周湘婷

污染源自动监控系统是监控企业排污状况的重要手段，充分发挥这一系统的预警和执法支撑作用，是提高环境监管水平、维护环保工作权威性的有效途径。

从 2000 年开始，我国有计划地启动了污染源自动监控系统建设，到"十一五"末期，全国污染源自动监控体系基本建成。《重金属污染综合防治"十二五"规划》明确提出，重点"涉重"企业应安装自动监测系统。

污染源自动监控存在的问题。

污染源自动监控技术大规模使用以来，社会对其争议不断。目前，主要存在以下几方面问题：

首先是认识不统一，没有形成工作合力。污染源自动监控系统建设是一项复杂的工程，需要监察、监测、信息等部门共同参与，以及企业和第三运营公司配合。如果没有形成有效的协调机制，出现技术故障，互相推诿，那么运行困难就很难克服。

其次是污染源自动监控系统建设不够完善。一方面，建设安装不到位。环评和"三同时"竣工验收等环节把关不严，导致新建企业甚至部分国控重点污染源企业至今未安装自动监控设备；产排污节点自动监控系统建设欠账更多，以钢铁行业为例，现安装的污染源自动监控系统监控到的污染物排放量不到总排放量的 30%。另一方面，安装不规范。监测指标不全、采样位置不合理、设备老化等问题不同程度存在。

第三是污染源自动监控系统的运营不到位。目前，污染源自动监控系统的运营模式不固定，法定责任主体界定不清，设备发生故障后无人进行维修管理，导致部分自动监测设备处于长期停运状态。

第四是监管不严。不管是哪一方在运行自动监控系统，都要对环境行政主管部门负责。当前，环保系统内部的分工是粗线条的，主导部门都存在地区差异，对运营单位的权威指导作用不够。

完善污染源自动监控管理制度。

污染源自动监控是先进的管理技术，只要运行得好，及时警报超标排污现象，就能形成对污染企业的震慑，成为环境管理的有力帮手。但目前的实际情况是，污染源自动监控在一些地方成为负担，不但没有辅助主管部门抓住超标排污现场，而且要投入资金维持自动监控设备的运转。因此，必须尽快理顺机制体制，使自动监控系统发挥预期作用。

第一，深化对污染源自动监控系统的认识。污染源自动监控系统是国家污染减排统计、监测、考核三大体系建设的重要基础，也是企业污染源治理设施的一个重要组成部分，其功能主要体现在：是环保强制力在监测仪器上的具体体现，所获得的数据为环境执法服务；被认定为考核政府总量减排的依据，服务于制定的减排宏观政策；是转变执法理念的重要载体。

第二，准确定位自动监控系统，明确主体责任。新修订的《环境保护法》规定，重点排污单位应当按照国家有关规定和监测规范安装使用监测设备，保证监测设备正常运行，保有原始监测记录。《污染源自动监控设施现场监督检查办法》明确，污染源自动监控设施是污染防治设施的组成部分。据此，自动监控设施必须是企业自行建设，由企业规范运行，其他任何单位或部门代建代管都是错位。一旦明确了企业是责任主体，后续的环境管理工作才能健康发展。对于企业而言，必须转变观念，切实履行好建设、管理自动监控设备的法定责任。

第三，制定监管责任清单，督促企业运行好自动监控系统。当务之急是明确省市环保部门及环保部门内部的监管职责，实施分级监管，强化属地监管，理顺各方关系，规范管理行为。

对于省级环保部门，自动监控系统管理重点是抓规划、重稽查、强考核、促应用，负责全省污染源自动监控系统建设的统一规划，对省内国控重点排污企业自动监控系统进行宏观监管。同时，对 30 万 kW 及以上火电厂自动监控设施的建设、验收、比对监测等工作进行直接管理。市级环保部门则对除 30 万 kW 及以上火电厂以外的所有重点污染源自动监控设施的建设、验收、比对监测等工作进行直接管理，开展现场核查和数据应用工作。

在环保系统内部，信息中心负责自动监测数据的采集、传输、存贮和演示。企业自动监控系统建成后，其数据采取一点多发的形式。一是企业将自动监测数据发送到信息公开平台，二是发送到环保系统的监控平台。信息中心要做好与企业的对接，要求企业预留接口，保证自动监测数据规范采集、传输出去。环境监察对企业自动监控系统的现场监督侧重于物理检查，如站房的完整性、水电等的保障情况，并与其他污染防治设施的现场检查相结合，出具综合结论。环境监测部门负责对自动监控设备进行比对。自动监控系统交给企业后，最大的担心的是企业不正常运行或数据造假。对此，首先要认定自动监控设备是一种计量器具，主动要求计量部门按《计量法》进行管理；其次，存在无故停运等情形的，环境监察开展执法；最后，比对监测不合格的，按手工监测结果推算排污量等，使企业得不偿失，增强其运行好自动监控设备的自觉性。

第四，推进自动监测信息公开。信息公开是最好的工作推进器和防腐剂。自动监测信息公开后，环保部门、公众、媒体等都会关注企业是否运行好自动监控设备。新《环保法》对信息公开和公众参与做出了明确规定，因此，公开自动监测信息是适应法律要求，也是建立环保统一战线的有效手段。

自动监控系统的相关探讨。

我国推广污染源自动监控技术以来，取得了丰富的经验，但也还面临着一些困惑，值得探讨。

一是自动监测数据的法律效力问题。环境监测机构出具的监测报告之所以具有法律效力，是因为它依法通过了计量认证。而自动监测设备目前尚未纳入计量部门的检定范围，且其工况波动较大是客观事实。因此，需要针对自动监测设备出台一套完整的法制管理体系，确定自动监测结果的合法性。在争议没有得到解决之前，建议自动监测设备生产厂家在仪器上加装留样单元。同一批次样品，一部分进入自动分析单元，现场监测出结果；另一部分进入留样单元。如果自动监测结果超标，取留样到实验室分析，确认超标事实。按照这种工作模式，自动监测结果指示出潜在的污染，实验室分析确认污染，在法理上经得起质疑。

二是自动监测超标数据的认定问题。目前，监管部门对污染源自动监控数据的认定，基本上沿用常规环境监管理念，认为自动监测数据一次超标就是企业超标排污，从而使排污企业对污染源自动监控系统产生恐惧和抵触情绪，造成监管难度和成本都非常高。环境治理设施的工况发生波动在所难免，不排除出现短时的非主观故意超标排放现象。因此，有必要出台细则性解释和规定，使排污企业有澄清自己的主观责任和非故意责任的权利。

三是企业运行好自动监控系统的选择问题。落实企业运行自动监控系统的主体责任后，企业有两种选择：一是企业自行监测投资成立专门的环境监测站，独立承担运维任务；二是企业购买监测服务，委托第三方公司运行自动监控系统。这就实现了环境监管的重大转变。以前是政府购买监测服务，企业还不愿接受服务；落实企业主体责任后，环保部门只提工作标准和信息公开要求，企业自行购买监测服务满足管理需要。投资主体变了，工作效率和质量也会相应改善，尤其是厘清了管理层次，使企业运动起来后，解放了不堪重负、越位奔跑的管理部门。

重金属污染防治应建好两本账

田　耘　罗岳平

我国重金属污染事件近年来频繁发生，引起了社会各界广泛关注。据不完全统计，自 2009 年陕西凤翔血铅超标事件至今，全国范围内仅媒体公开报道的血铅超标事件就有 10 多起。这不仅严重损害了公众健康，而且降低了地方政府和相关部门的公信力，带来一系列不良影响，应深刻反思，全面防控。

重金属污染事件的发生主要有以下原因：一是企业的重金属排放量超过了当地的环境容量，经过一定时期的累积后，环境危害从量变到质变，最终导致周边人群体内重金属超标。二是未严格落实卫生防护制度。环评报告中一般明确了卫生防护距离，但自企业试生产之日起，一些搬迁问题就没有得到妥善解决，给居民留下了健康隐患。三是企业擅自变更工艺、扩大产能或改变原材料，违法增加重金属排放负荷，甚至超标排放。四是相关部门审批、监管不严，未批先建或未验收就投产，日常监管流于形式。

鉴于重金属污染事件造成的环境损害和恶劣影响，需要对相关工作思路进行认真反思。对此，笔者认为，重点应建好两本账。

第一是建好污染企业台账。对列为重金属重点监管的企业或园区，当地环保部门要建立一套完整的台账，做到一企一册和一企一图。一企一册，就是对重金属污染企业建立一套包含环评和验收资料、原辅料使用、工艺流程、治理措施、污染物排放去向等详实的信息档案资料，印刷成册或做成电子文档数据库，作为移动执法和监督性监测的参考资料。一企一图，是针对企业重点车间或主要排污单元拍照留存，绘制相应的平面布置图和治理流程图，便于现场按图索骥，对企业擅自变更排污去向、产能、生产线等做到一目了然。各级环保部门应共享污染企业台账，提高监管水平和效率。

第二是建好污染企业周边环境质量台账。对重金属这类难降解的污染物，仅要求企业达标排放是不够的，还必须掌握企业整个生命周期内的重金属排放量和最终去向。当环境中重金属残存量临近有害水平时，就必须采取相应措施，控制其对人体的危害。长期以来，含重金属的废水排放较受重视，而废气排放因其危害的隐蔽性和监测技术的复杂性，所受到的关注度不够。实际上，含重金属的废气排放对局部环境质量的影响甚至超过废水排放。企业周边建立的环境质量台账，要完成三部分内容：一是在环评阶段开展相关监测，了解特征重金属指标的本底值；二是在验收阶段，有针对性地开展环境质量补充监测，掌握重金属含量在企业建设和试生产期间的变化情况；三是制定完善的周边企业环境质量定期监测制度，针对企业排放的特征重金属污染物，定期跟踪监测，包括水体、降尘、土壤、植物体等介质。这套台账与各种监督性监测相结合，有利于完整地掌握企业排污状况。

重金属污染事件有一个从潜伏到爆发的过程，在前期难以察觉。因此，一旦出现苗头，就应果断应对，防止污染恶化。科学监测和群众反映都是加强监管的依据，要始终以高度的社会责任感和技术敏锐性对待重金属污染。

科学理性做好环境应急监测

罗岳平　田　耘　周湘婷

近年来，各类突发环境事件检验了全国环境监测系统的应急监测能力，树立了环保队伍能打硬仗的良好形象。笔者认为，事故现场应急监测技术难度高，环境风险大，应急监测应做好四个明确。

一是明确环境风险的责任主体是企业。突发环境事件发生后，最紧张、最焦虑的莫过于地方人民政府，要里里外外应对处理。而国外的理念则不同，企业是与自身相关联环境安全的责任主体。我国也应当借鉴国外做法，进一步完善和落实企业主体责任。企业要对厂区内的安全隐患建立台账，编制应急预案，储备应急处理物资，没有任何人比企业更清楚自身潜在的环境风险，企业应是真正的风险防范和应急处置专家。企业要履行严格的事故报告制度，如果出现了超标情况，企业应自觉在第一时间向环境管理部门报告，并承诺采取措施尽快处理处置直至恢复正常。企业是应急处置主体，应承担一切费用和赔偿。

当前，必须厘清环保部门的监管责任和排污企事业单位的主体责任，不能将监管责任代替主体责任。大、小突发环境事件反复证明，一些排污企事业单位对应急处置的策略是平时推开不考虑，事发时依靠政府资源对付过去，事后无动于衷。排污企事业单位不被发动，地方政府就只能充当救火员，掌握不了主动。企事业单位说清自身存在的环境风险并防范是最有针对性的，也是最有效的。

二是明确应急监测目标污染物的获取渠道。突发环境事件发生后，往往对应急监测寄予厚望，期待应急监测一旦展开，就能立即查明存在哪些目标污染物，并确定其浓度和分布情况等。实际上，现场应急监测的能力往往是非常有限的。人工合成有机化合物种类繁多，即便采用最先进的便携式 GC-MS，现场也只能检出几十种。能检测的重金属元素种类更少，现场快速检测技术成熟的也只有 6～8 种。其他无机气态或水溶态无机物的现场检测能力同样极为有限。可以说，现阶段的现场应急监测技术还不具备大海捞针的水平，即使把所有装备拉到事故现场，也很难确认所有目标污染物，更不用说一举锁定元凶。

实际上，每次发生环境污染事故，其污染物是早就可以预知的。每个企事业单位采用什么生产工艺，原材料、生产中间产物、产品和其他辅助材料中有哪些是有毒的是非常明确的，环评有涉及，日常管理密切关注。只要是规范运行的企事业单位，其污染物种类和产生量都是可通过查询和计算获得的，不需要环境监测人员现场做筛选。管控突发环境事件目标污染物关键在于平时做足功夫。企事业单位要建立完整的有毒污染物档案并按规定向有关部门报备。动态管理有毒污染物总量，形成对有毒污染物的监测能力。自行不能监测的，可与管理部门或专业实验室建立联系，以便在应急状态下能快速获得技术支援。排污企事业单位对潜在的环境污染物了如指掌既是基本职责，也能在突发状况下赢得主动。

三是明确应急监测数据分析的主战场。在突发环境事件中开展现场应急监测首要的是体现政治功能。现场应急监测车辆、人员、装备等一出现，表明环保部门开始着手处理，对稳定周围群众情绪、回击谣言等意义重大。然而，便携式仪器一般没有通过计量认证，以定性分析为主，定量为辅，其出具的监测数据只是一种参考。因此，突发环境事件发生后，应急监测仍要以实验室分析为重心。将样品转运回实验室需要时间，如果样品流转时间可控，实验室分析能力和准确性较现场快速分析强大得多。环境应急监测要解决的核心问题是如何现场采集样品后快速送往最近的实验室进行分析。每次应急监测，抓住了样品采集运送和实验室分析能力稳定维持这两个关键，也就掌握了准确出具数据的主动。现场快速监测应以一种工作方式或姿态，按适当频次开展，为监测分析主战场提供保障。

四是明确现场应急监测的合理站位。环境应急关注的是事故发生后对周围环境的影响。因此，应急监测的首要任务是合理布点，配合其他技术力量优先确定污染边界。将污染影响范围框定后，再定点监测，跟踪污染物的削减过程。

应急状态下，每种资源都是极其珍贵的，应集中起来开展最有效和最有价值的工作。既要防止监测不足，不能支撑管理决策；也要防止监测安排不科学，打人力、财力等资源消耗仗。

强化企事业单位环境应急的主体地位

罗岳平　李建钊

　　环境突发事件具有来势凶猛、破坏性强、处理困难等特点，但毕竟是小概率事件，爆发的次数不多，因此容易被忽视，普遍存在讲起来重要、做起来不要的现象，隐患较大。

　　2015年6月5日起施行的《突发环境事件应急管理办法》，对各级环保部门和企事业单位如何开展突发环境事件风险控制、应急准备、应急处理、事后恢复等工作作出制度安排，要求以预防为主、预防与应急相结合的原则，建立分类管理、分级负责、属地管理为主的体制。该办法实际界定了环保部门和企事业单位两类主体的责任。

　　总体来看，对环境管理部门的职责划分是明确且具体的，但对企事业单位的要求相对比较宽松。比如说，规定其应履行义务的第6条，是以附带的形式明确企事业单位应当依法处理发生或者可能发生的突发事件，并对所造成的损害承担责任，甚至在关键的应急处置环节，只是强调应当接受调查处理，服从统一指挥，全面、准确提供本单位与应急处置相关的技术资料，协助维护应急现场秩序，保护与突发环境事件相关的各项证据。

　　情况紧急的环境突发事件经常发生"躲猫猫"现象，管理部门漫山遍野排查污染源，而肇事单位三缄其口，这与应急处置主体责任模糊有很大关系。

　　环境突发事件的应急管理应始终坚持企事业单位的主体地位，管控环境风险是每个企事业单位不可推卸的责任。因此，排放污染物的企事业单位必须建立完整的应急管理体系，包括以下三个方面。

事前的各种例行检查和准备。如评估面临的环境风险、编制预案、培训人员和演练、周期性的安全检查、应急物资准备等。

事中的快速处置。企事业单位往往最清楚针对发生的环境事件采取何种有效的处置措施，其预案已进行设定，物资早有贮备，出手准又狠。相反，政府的应急能力贮备是通用性质的，短时难以奏效，甚至被动地四处救援。所以，必须坚持环境应急处置以企事业单位为主的基本原则，政府可以提供必要的帮助。

事后的损害担责。一方面，企业内部要组织生产恢复，另一方面，应急处置结束，第三方公证机构完成环境损害等鉴定后，履行相应的赔偿义务。

环保部门主要是对企事业单位开展环境应急管理的情况进行监督和指导，处置一些起源不明的突发环境事件，而不是代替企事业单位打硬仗。

具体来说，在事前阶段，主要检查企事业单位是否制定了应急预案并开展演练、内部环境安全隐患排查是否到位、有无应急物资贮备等，并进行社会诚信评价，将结果通报有关金融机构。

在应急处置阶段，为肇事企事业单位提供必要的环境信息，指导其开展现场处置，联系外部支援等。

应急处置结束后，根据环境损害评估结果，督促企事业单位履行经济赔偿和环境修复等义务，帮助其举一反三，加强环境应急管理体系建设，同时将其列为重点监管对象。

综上所述，环境应急管理过程中，环保部门和企事业单位各有明确的职能定位，需要互相配合，形成合力，共同提高环境安全水平，应进一步加强以下三方面的工作。

首先，环保部门应加大对企事业单位环境应急管理工作的监督、检查力度。《突发环境事件应急管理办法》要求县级以上地方环保部门抽查，或突击检查企事业单位的环境风险防范和环境安全隐患排查治理工作，并有权将存在重大环境安全隐患且整治不力的企事业单位信息纳入社会诚信体系。因此，环保部门要按预定计划开展抽查或突击检查工作，提醒企事业单位重视环境应急管理工作，帮助其完善环境应急管理体系。

其次，企事业单位要主动加强环境应急管理。按照谁污染谁治理的原则，肇事企事业单位是应急处置主体，不应"闯祸"后由他人收拾烂摊子。因此，企事业单位要把环境应急管理的责任扛在肩上，平时就把工作做实做细，防患于未然。

同时，做好应对灾难性突发环境事件的准备，一旦出现苗头，抓早抓小，把污染控制在厂区内，否则扩散到周围环境中，既造成了社会不良影响，也加大了后期修复成本。突发环境事件都有出现漏洞和危险累积放大的过程，要主动巡查到位，对发现的问题及时采取纠正措施，有效遏制重大事故的发生。

最后，提高环境应急事故处置水平。环境事件突发后，现场处置是关键一环，面临的技术挑战也是最大的，需要不断总结经验，提高应对能力。特别是对有机物污染类型的环境应急事件，因其种类多，政府部门难以准备全面，应由每个企事业单位各负其责，有针对性地贮备应急处理物资，做到经常演练预案、发生事故后心中有数。环境应急要多看专科，一企一策，否则易陷入被动境地。

环境应急管理，要像预防火灾一样，确保思想上不松懈，管理措施缜密，立足于防，即便发生了，也有足够的技术和物资储备从容应对。

日本如何应对环境突发事件？

彭庆庆　罗岳平

近年来，我国环境突发事件频发。环境突发事件具有破坏性强、难控制等特点，若处置不当，易导致污染范围扩大，带来不良社会影响。因此，必须重视对环境突发事件的管理，使其造成的环境污染程度降至最低。

日本在处置环境突发事件方面有着丰富的经验，对我国有一定的借鉴意义。根据笔者在日本的见闻，日本处置环境突发事件有如下几方面特点。

运用 "4M" 理念制定应急管理预案。

日本的环境污染事故应急联动机制主要靠各种预案保证。

日本把完善的应急预案当做做好突发性环境污染事故救援工作和应急处理的前提和关键，并以此作为制定恢复措施的根本依据。突发性污染事故发生后，必须依据应急预案相关内容及时有效地处置和治理，最大限度地减弱事故对环境和人的危害。

日本根据污染事故发生的程度和特点，决定各成员单位之间的分工。完整的应急预案内容涵盖人员、目标、原则、组织体系、预警、通报联络、应急响应、紧急处理、应急保障、信息反馈等方面，可用"4M"概括，即个体(Man)、机械(Machine)、媒介(Media)和管理(Management)。

个体即人类行为。包括个体企业的生产资格、许可证的获得；企业定期对员工进行环境风险意识及自我防范的教育和培训，从而提高员工素质，增强其对紧急情况的承受和应变能力。

机械即设备与设施。包括定期对仪器设备的老化情况进行检查并制定维修或更换计划；准备应急处置需要的中和剂、活性炭等药品，以及预备槽、排风机等器材；确保排水路径、排水口、防液堤等的规范和安全。若生产设施或污染处理设施发生故障，及时向政府环境管理部门上报情况，并根据检查结果自行暂停生产并整改。

媒介即信息网络。环境信息公开已成为日本政府环境管理的最重要手段之一。公开环境信息是有效预防和应对环境突发事件的有效途径。此外，应急媒介还包括覆盖广泛的应急网络，能够实现政府间、政府与相关管理部门间、城乡之间的沟通与协作，并及时向公众发布污染事故的最新动态。

日本建设了由固定通讯线路 (包括影像传输线路)、卫星通讯线路和移动通讯线路组成的"中央防灾无线网"。一些新兴通讯技术如"3S"、数据库和网络通的应用，能够准确定位受污染区域，获取事故地点周边敏感目标信息、污染物浓度与时间变化趋势，并将现场污染信息快速、准确地传送到决策与协调机关，有利于提高应急处置效率。

管理即制度条例。如《化学物质管理法》明确规定，相关企业每年必须就规定的化学物质来源、转移地点、排放到环境中的情况等向相关机构通报并登记注册，有关报告需向公众公开。

建立准确及时、多方联动的应急响应机制。

责任明确、分工明确是有条不紊开展应急管理的关键。

在日本，事故发生后，企业负责人必须迅速将情况报告政府管理部门，日本环境政策课作为应急指挥中心，需在第一时间作出反应。由行政长官担任应急指挥总务部长，并根据事故原因、事故类型和事故现场状况作出最初判断，同时向涉及应急事故的相关政府部门，如消防署、警察署、保健所、公用下水道管理课、健康福祉课等下达指令。

若涉及重大灾害事故或有害物质污染，有害物质管理课、农业农村事务管理局和防灾危机管理局迅速参与应急响应。现场各关系课分区域进行事故应急指挥、对策指导、样品采集与分析，分析结果最终发送到县环境事务所。

各项工作都必须对应急指挥总务部长负责。

事故企业则根据法律规定，接受应急指挥部门和专家指导，在现场迅速展开救援工作，而且最终负责有害污染物质的回收。突发环境污染事故现场治理终止后，企业必须对事故源的状况、危险性、水质的达标情况等事项进行确认。对可能造成污染的周边环境介质，如农田、土壤、居民用水中的有害物质进行监测，并提交污染事故报告、事故防止再发生报告、应急预案修改报告至政府管理部门。

由于做到了分工明确，各负其责，因而日本的应急工作能够平稳、有序地开展。

此外，日本在长期的防灾减灾实践中建立了一套较为完善的环境应急法律体系。目前日本共有 122 部环境危机管理法律，其中基本法 10 部、程序法两部、组织法 12 部、灾害预防法 31 部、灾害危机对策法 26 部、灾害复原振兴法 36 部、其他法律 5 部。这些法律保证了应急处置的规范性和周密性。

通过制定一系列法律、条例，日本进一步细化了各级政府的职责范围，以及在应急状态下应采取的具体措施，并明确规定社会团体参与应急管理的途径、方式，特别是要求企业制定个性化的应急管理预案及环境污染防治措施。

开展政府主导、全民参与的应急演练。

日本应急管理的另一个特点是社会参与程度较高。

在日本，在政府鼓励和非政府组织带领下，地区或社区组织和居民自主自发成立了防灾救灾市民团体，如消防团、妇女少年或儿童防火俱乐部等。平时进行防灾训练，开展防灾知识教育和活动，灾害发生时能做到自救、互救。

其次，与红十字会、社区医院、各民间电视台等签订协议，委托这些机构在灾害发生时进行协作和救援，并明确征用物资的程序、费用负担和保险责任。同时，与一些民间团体签订协议，形成一个部门齐全的防灾应急网络。

此外，政府与企业、公益事业团体之间通过制定法律法规或协议等方式，明确特定污染事故发生情况下的职责分工，注重发挥社会各界的主观能动性，充分调动社会各方资源，从而提高环境应急管理的有效性。

妥善处理陆路运输类突发事件

罗岳平　刘旭红　李建钊

　　陆路目前是运输有毒有害物质的重要途径。高速公路上每年都有较多交通事故发生，如果有毒有害物质因爆炸、泄漏等原因进入环境，就会导致交通安全事故演变为环境突发事件。

　　陆路运输类突发环境事件具有以下特征：一是不确定性，交通事故何时何处发生是完全不可预知的，交通全线都是风险点；二是污染物总量明确且相对较小，总量取决于货车的载重量；三是处置难易程度与事发地的空间自然环境密切相关，开阔地带有较充裕的缓冲空间，临江湖或山谷等不利地形则提高了应急处置难度。此外，有毒有害物质的种类也与应急处置密切相关，并直接决定了影响度。

　　如何妥善高效处理陆路交通运输类环境突发事件？笔者有如下建议：

　　一是控制车辆驾驶员、随车安全员等相关人员，获取有效信息。要通过询问及查阅随车单据等方式，第一时间掌握污染物类型及数量。这是开展后续应急处置的基础资料，抓住这个关键就会赢得主动，提高应急处置的针对性，否则就会处置不力。例如，曾经有运输农药的货车在高速公路上起火燃烧，驾驶员可能知道后果的严重性，竟然弃车逃逸。相关部门火速赶到现场后只感觉气味难闻，短时间内难以判断是何种污染物，多个实验室连夜加班分析才检出农药成分。

　　二是合理选择处理方式，降低环境风险。车辆在公路上发生爆炸、泄漏等事故后，污染物主要有气体、水和土壤 3 个走向。对于气体污染物，疏散周围人群是第一要务，其次是现场喷洒药剂进行中和处理等。处置陆路交通运输类环境安全事故一般在旷野进行，工程措施和现场清理不可避免要用水，必然产生一些水型污染物。这就要求在下游合适地段修建临时蓄水设施进行拦截，阻止未经处理的污水直接排入周围自然水体中。蓄水点要有足够容量，并且考虑垮塌风险，必要时下游再设缓冲坝。对拦截住的污水，要在制订稳妥治理方案后再做处置，不得让污染物自由漫流而扩大污染范围。陆路交通运输类环境突发事件一般不会导致大面积严重的土壤污染。对于部分受污染土壤，在量不大的情况下可作为危险固废转移填埋。同时要关注污水流经沟渠的底泥，以免遗漏污染物。陆路交通运输类环境突发事件处置是涉及气、水和土壤等环境要素的综合治理，要根据重点污染物类型有所侧重。

三是做好预防工作，防止事故发生。要进一步提高陆路交通运输的安全性，防止安全事故产生，以减少环境危害。发货单位可采取必要的预防措施，针对有毒有害物质的特性，随车配备一些应急处置物资供急用。要加强对驾驶员的安全教育，告之其在紧急情况下应如何科学应对。要制作应急处置卡片，载明应急处置措施、使用药剂等信息，驾驶员依其报警后，有关机构和人员可有备而来。

四是加强日常管理，提升应急处理能力。应急处置是最检验综合反应能力的一项工作，既要有敢于接受挑战的勇气，又要有从容应对的智慧，最重要的是加强日常管理，将事故扼杀在萌芽状态。要做好应急预案制定和物资储备等工作，时刻做好应急准备。要加强各部门的信息沟通和配合，形成应急处理的合力。

化解"邻避效应"出路何在?

罗岳平 刘妍妍

"邻避"现象无处不在。在工业化早期,群众对工厂内的设备厂房等充满了新奇和憧憬,没有抵制意识。但随着污染危害逐步显现和社会文明程度不断提高,群众对身边的工业企业开始警惕。一方面,已建成工业企业受到周边住户的投诉和索赔;另一方面,有污染物排放的企事业单位选址困难,找到适当的落身之地殊非易事。

化解"邻避效应"不可"一边倒"。

客观地看,污染排放和健康人居是不可调和的矛盾。原本自然的生存环境,被输入了水、气等污染物后,周围的环境质量状况必然下降,尤其是在承受污染伤害却得不到任何实质性补偿的情况下,冲突不可避免地升级。笔者曾调解过一个小型水泥厂的粉尘、噪声等污染纠纷,周围住户的认识很直接,水泥厂老板赚了钱,生活环境却被弄得乌烟瘴气,居民也没得到任何好处,凭什么牺牲我的利益让老板个人发展?于是,堵厂区大门、夜袭操作工人等事件层出不穷。最后,老板采取了一些妥协措施,比如为每户人家安排一个就业指标,逢年过节上门慰问等,在危机四伏的情况下又维持了几年生产。

这是一个典型的以牺牲人体健康和生活环境为代价获得短期发展的案例,其解决途径是比较低层次的。现在的"邻避"问题更复杂,但其本质并没有改变,除了要保护公共环境利益外,主要是如何协调排放污染物的企事业单位与周边人群的关系。这种冲突在国内尤为严重,受影响居民一方面希望得到最多的一次性经济补偿金，另一方面又计划继续依附排放污染物的企事业单位做点小生意、获得就业机会等，经常发生点小状况。此外，有些不法分子借题发挥，恶意散布谣言，传播虚假信息，形成舆论"一边倒"的局面，使冲突发展到无法调和的局面，最终使企事业单位背上沉重的负担或不能落址建设。

化解邻避效应需要有的放矢，应针对排放污染物的企事业单位、可能受影响的居民和调解手段三个核心要素开展工作。排放污染物的企事业单位要深刻反思难以安身的根本原因，在环境友好的理念指导下，实现产业生态化，将污染影响控制在最低水平。

清洁而又经济效益良好的企事业单位在哪里都会受到欢迎，而越来越多的污染企事业单位会被已经觉醒了的群众拒之门外。因此，排放污染物的企事业单位要下决心采取适当工艺措施消除污染，走绿色发展之路，树立良好的社会形象。只有企事业单位自身硬了，才经得起群众挑剔的眼光，这也是化解邻避效应的最佳选择。群众是不会排斥优质邻居的，遭人嫌必有遭人恨之处，排放污染物的企事业单位应主动补足短板。

当今群众的思想和利益诉求已多元化，但总体科学素质仍不高，易被误导且形成反向合力。有些别有用心的人肆意夸大污染危害后，引起不明真相的群众恐慌，造成抱团求安稳的被动局面，致使有些涉及民生的基本项目也不能开工建设，实际上影响了当地社会的有序发展。有时还因为掺杂了经济利益，补偿范围外的群众也想沾点光，受人诱使而加入反对行列，闹大了声势。做通群众工作是细致、艰苦而又考验智慧的挑战，要以和风细雨的方式和百折不挠的韧性，旗帜鲜明的宣传科学，引导大家正确认识污染问题，宽容经济发展产生的可控环境影响。

排放企业与周边居民互利互惠。

排放污染物的企事业单位和周边居民其实是利益共同体。没有周边居民的支持配合，企事业单位就无法选址建设；只有多些优质企事业单位，才有途径带动周边居民脱贫致富。良好的企事业单位和周边居民关系是互惠的，但融洽这种关系需要沟通、协调，逐步达成共识。磨刀不误砍柴工。企事业单位在落址之前与周边居民多恳谈几次，对建设困难了然于心，有利于后期的建设和运行。国内的群众工作有其特殊性，也有其规律性，虽然是"天下第一难事"，但掌握技巧后也轻车熟路，特别要依靠基层村、组织干部的力量，盯紧有号召力的核心人物。总体上，群众是通情达理的，但转变思想有个过程，宣传手段要灵活多样。在不少地方，冲突甚至发展到了比较严重的阶段，但最后都平息了，关键在于群众工作的深入程度。只要群众的合理诉求得到支持，矛盾总会得到缓和，而且介入得越早，解决得越顺利。相反，信息不透明或滞后，群众总是被动接受，必然引起波折。

近期"邻避"事件频发，而且行业相对集中，反映相关各方都有较大的完善空间。对排放污染物的企事业单位，要反思为何失形象于民，人见人避，必须加强行为自律，运行好污染治理设施，主动公开排污信息，用实时监测数据自证清白，并有计划的向社会公众开放厂区内的污染治理部分，通过亲民消除误解；环境教育要持续发力，从而稳步提高群众的科学素养。为什么有些拙劣的谣言流传甚广？因为它与癌症、断子绝孙等群众比较敏感的词汇结合起来了，导致错误观念根深蒂固。唯有让正确的理念先入为主，才会对不当言论形成免疫力；地方政府也要调整管理思路，从主导企事业单位投资向服务企事业单位发展转型，发挥企事业单位直接面向周围居民开展宣传教育的积极性，而不再是大包大揽，代替企事业单位完成征地拆迁等任务，尤其注意引导矛盾双方正视问题，寻找妥善解决途径，偏袒任何一方都于事无补。

现在投资建设的项目一般都有成熟的污染治理技术，其环境安全性比历史上的任何一个时期都要强，但"邻避"现象却愈演愈烈，凸显了群众对优美生态的期待更高，以及补偿要求的多元化。企事业单位对此要有清醒判断，不断加大环保方面的投入，切实履行控制污染的主体责任，并优化生态补偿方案，与周围居民和谐共处。鉴于征地拆迁成本等快速上涨，新建企事业单位宜避开人口密集区和敏感保护目标。虽然由此会增加道路建设、电力架设等方面的投入，但避免了很多社会纠纷，从长远看，躲比占更合算，应通过多种方案比选科学定址。

第五篇

环境监测

环境监测要强化政府主导和部门协同

罗岳平 刘荔彬 曾欢欣

为什么只要公布监测数据，就会引发热议和质疑？为什么在同一块土地、同一条流域，监测数据的表述却存在较大差异？环境监测数据公信力不足，已成为当下现实问题。

国务院办公厅2015年7月26日印发的《生态环境监测网络建设方案》（以下简称《方案》），将有效解决我国生态环境监测网络当前存在的包括数据公信力不足等突出问题，积极构建政府主导、部门协同、社会参与、公众监督的网络监测新格局。笔者认为，以政府主导和部门协同的思维来推动生态环境监测网络方案的制定和实施，是一次重大的认识升华。

首先是政府主导。对于各地监测的实际工作来说，政府主导主要体现在监测方案的制定、监测点位的合理布设等问题上。

一是监测方案的制定。笔者认为，评价县域生态环境质量的监测方案应该由市或州人民政府主导制定，市级方案、省级方案依此上收审批权限。这样，既能够把握考核的主动权，也能够确保考核结果的客观和准确。

比如，一个县域在一个特定监测时期的生态环境质量要通过固定的监测方案来反映，而这个固定的监测方案不能由县本级来制定，应由上一级政府组织有关部门，在对这个县的资源禀赋、工农业生产状况、污染分布等进行综合研判的基础上，设计一个量身定做、完整的监测方案。这个方案应具有权威性和唯一性，只有按这个方案开展监测，当月、当季或当年的评价才合法、有效。

为了提高监测方案的合理性、科学性，笔者建议，由政府主导的县或市域监测方案在制定上要坚持早启动、多协商，全面论证、适时发布的原则。要加大技术论证队伍，要几上几下，给下级人民政府表达不同意见的机会。只有通过上下结合，监测方案才能更加全面、符合实际情况。而监测方案一旦确定，就要严格遵循，以保障其权威性和公信力。

二是监测点位的布设。只有明确科学的监测点位，才能从客观上掌握区域的环境质量状况。监测水系如同检查肾脏，监测大气如同检查肺部等。实际上，对县域、市域乃至省域，需要监测环境质量的水、气、土壤等自然资源的分布是相对稳定的。这些自然资源在限定的监测空间范围内，就如同一个人的五脏六腑。要做全面检查，就应在固定的点位分别采样检测。

目前，我国县、市的监测点位布设基本上能够反映出本区域的总体环境质量状况。而当前亟待解决和完善的问题，就是要在上一级政府的主导下，按照填平补齐的原则，组织水利、农业、住建等部门，共同重新审定布点方案。而布点方案一旦确定、公布，就要成为公共的监测资源。无论哪个部门、哪个组织或个人开展环境质量类的监测，都只能在这些点位上采样分析。

笔者认为，监测点位的布设是一项复杂、细致的工作，要采纳各方意见，统筹各方资源，以提高布点的科学性、合理性。监测布点确定后，各部门的能力建设都要向这些点位倾斜，使之成为使用方便的公共工作平台，每个部门都能利用这些平台获取本部门所需要的环境质量信息。

其次是部门协同。各级人民政府要发挥监测方案制定总指挥作用，将分散在各个部门的监测资源整合起来。

对于部门之间的协作，基层工作者在实际工作中，感受到更多的是无奈。"部门联动往往变成部门不动。""跨省（市）联合比跨国联合还难。""部门内高效，部门间失效。"部门内部资源配置良好，但跨部门却难以共享，这一问题在生态环境监测网络建设中必须得到根本解决。

同一块土地、同一个流域，污染的真实数据应该只有一个。然而，由于不同部门在布设点位、采样时间、分析方法和评价标准等方面存在不同，监测出来的结果可能差异很大。其实，每个部门的监测工作，都严格执行了各自规定的监测方法和要素，并采取了相应的质控措施，其结果具有真实性。但各自为政的结果是，监测数据零散、片面，无法全面真实地反映污染现状。因此，必须在各级政府的领导下，将各部门的力量集中整合，明确各部门的分工，多方协同，才能达到最好的监测效果。

笔者认为，部门协同不仅仅体现在一次或两次的工作协同上，而应该体现在更宽泛的领域。

一是理念的协同。开展生态环境监测的手段很多，包括任务的统一下达、相同的分析方法等。协同既是思想认识的统一，更是行动上的互补和一致性。要将协同理念贯穿于监测网络建设的自始至终。尤其在监测结果共享方面，要打破老死不相往来的局面。实际上，监测数据只有被使用才能实现其自身价值。如果固步自封一味将监测数据密封起来，没有任何产出，就是监测资源的巨大浪费。对此，笔者建议，应以数据基础较好的部门为牵头单位开发共享平台，各部门都可以上传并获取历史数据，逐步形成全面、实用的大数据库，形成共同的监测数据财富。

二是利益的协同。环境保护本身就是为了社会公益，每个从事环境监测的部门，都是在为环境保护做贡献，都是为了确保人们能够呼吸到清新的空气，喝上干净的水，吃上放心的食物。没人希望环境质量不断下降，不会有人因为监测数据恶劣而欢欣鼓舞。在共同的宗旨和目标之下，对于工作的方式方法的不同，应该互相理解、互相支持。从这个意义上讲，部门间必须密切联合，共同改善我们的生存环境，形成环保统一战线，充满凝聚力和生命力。

三是后方的协同。笔者认为，生态环境监测的部门协同是全方位的，既有业务部门间的技术协同，也涉及人事协同和财务协同。《方案》勾勒的生态环境监测网络蓝图要靠一支生力军去奋斗，其中包括财力在内的后勤保障也至关重要。

《方案》的出台是众望所归。统一了认识，还要有实践。相信在各级政府的积极主导下，在各部门各司其职、努力协同下，生态环境监测必然会走进一个新的时代。

监测工作如何华丽转身？

罗岳平　田　耘　郭　卉

　　"十一五"以来，我国各级环境监测站历经了近十年的黄金发展期，装备能力、人员力量、技术水平等取得长足进步，一些长期制约环境监测工作深入发展的瓶颈问题逐步突破。陈吉宁部长在环境保护部组织的"环评和监测工作创新"大讨论中希望改革激发创新活力，为环境监测新发展凝聚力量。结合工作实际，笔者认为，各级环境监测站应主动适应环保工作新形势，在加强环境质量监测、监督，巡视性监测和监测质量监督等方面有所作为。

　　加强对环境质量的监测与评价。

　　环境质量逐步改善是环境保护工作的根本使命。新环保法规定各级人民政府对本行政区域的环境质量负责。但在目前，普遍采用环境质量各级人民政府自测、自评、自报的工作模式，还是一种绩效的自我评估和审查，不仅在科学性上不符合接受上级或第三方机构独立评估的原则，而且真实性也难以完全保证。

　　为此，对环境质量要增加和建立上一级环境监测机构不定期核查制度。也就是说，本级人民政府下属环保部门直属的环境监测机构要全面开展辖区内的环境质量监测，并将监测结果按要求报送上一级环境监测机构。上一级环境监测机构根据既定的现场核查计划，以及日常审核上报的监测数据，不定期赴现场开展核查。

　　这种模式，将环境质量自测与上级监督性质的现场核查结合起来，只要严肃使用现场核查结果，就能使环境质量绩效考核体系正常运转起来。

当务之急，各级环境监测机构应牢牢把握环境质量监测这条主线不动摇，守土有责，科学布设各种环境要素的监测点位，心无旁骛地做好本级环境质量监测，主动接受上级环境监测机构的日常监督和不定期检查，排除来自本级领导的行政干预，如实反映环境质量现状。

加强污染源监督性和巡视性监测。

新《环保法》明确了企事业单位达标排放的主体责任和环保部门的监督责任。企事业单位对自身的排污行为负责，并开展自行监测；环保部门应加强对辖区内各类污染源的统一监管。在此制度设计下，各级环境监测机构要承担起污染源监督性监测这项法定职责。新《环保法》的有效实施需要配套严格、严谨的监督性监测来保驾护航。

总体上，对排污企事业单位的监督性和巡视性监测正走向正轨，但是频次还不高，威慑力还不够大。环保部门直属环境监测机构要实现业务转型，应安排更多的技术人员开展对排污企事业单位的监督性和巡视性监测。

开展第三方检测公司技术监督。

随着环境监测服务社会化深入推进，许多原来由各级环境监测站承担的监测业务都通过政府购买服务的方式委托给有资质的第三方检测公司来承担。这些监测业务，原来都在各级环境监测站施行多年、较为成熟的质量管理体系下运行，有长期技术积累和声誉口碑，总体来说质量是有保证的。

现在业务放开后，市场正处于一哄而上、鱼目混珠的状态，恶性竞争频发。可以说，运动员已上场但游戏规则还不成熟。裁判员一直未露面，场上出现的混乱局面在所难免。

随着市场化的监测业务领域不断扩大，加强监管迫在眉睫。环保部门要迅速开展有针对性的管理，并指导直属环境监测机构将技术监督及时跟进。例如，开展实验室监测项目的审查和技术认可；通过盲样考核、比对监测等手段评估第三方检测公司的工作能力；与第三方检测公司工作人员同赴监测现场，跟踪其监测全过程；仲裁对第三方检测公司的投诉等。对这块新增的业务，直属环境监测机构要配置力量，甚至成立专门的技术管理内设机构。

笔者认为，引入市场力量参与环境监测，使环保部门直属环境监测机构逐步退出涉行政审批和竞争性监测领域，可缓解现阶段人手不足与监测任务日益增长之间的矛盾，也有助于监测站回归公益性的本质。但这需要合理界定其事权，并足额提供相应的财力保障，从而维持监测队伍和能力的总体稳定，实现环境监测工作的华丽转身。各级环保部门直属监测机构也要勇于调整工作重心，主动有为，当好监测市场的技术裁判员和技术监管者。

监测站转型发展需做哪些准备？

罗岳平

环境监测是服务于环境管理的基础工作，特别是在环境管理逐步转向量化考核后，监测数据的支持作用更为明显。在省以上层面，环境监测系统基本上实现了"政事分离"，环境监测工作在行政方面获得了应有的地位和权力，监测范围、监测权威性等得到了加强。如何集中力量发展技术和业务，是监测站系统急需思考的问题。

环境监测是环境保护工作的基础。新的环境保护形势对环境监测工作提出了更高的要求，进一步加强环境监测工作，是环境保护事业跨越式发展的前提。监测站定位科学、准确了，凭借目前的工作基础和精良的装备，是能够大有作为的。笔者认为，环境监测站急需转型发展。

技术为本需要具备什么能力？

环境监测范围广泛，要素丰富，其内容的复杂性决定了技术的难度，要防止将环境监测简单化的倾向。善于发现技术问题，积极探索解决途径，使环境监测站具备研究能力，是环境监测站发展的必由之路。

技术是各级监测站的灵魂。只有技术发展了，监测站才有能力承担各类监测环境任务。在例行监测活动中，在各种应急监测状态下，监测人员之所以能够从容镇定、应对自如，主要依靠过硬的技术。技术支撑是各级环境监测站最重要的职能，要深刻认识技术对于环境监测站的重要性。

环境监测本身是一项技术性很强的工作。从监测方案设计到现场采样、分样、保存、运输，再到实验室分析、数据审核、报告编制，每一个环节都要求科学、规范，都有关键技术需要研究和掌握。例如，"三同时"竣工验收，监测方案一般都依据环评报告来编制。事实上，环评报告并不是绝对完美、无懈可击的，可能有很多地方没有考虑到，如果监测方案简单响应环评报告，没有独立思想，那么环评失误就永远得不到纠正。进入"三同时"竣工验收监测阶段后，项目已建成，相当于环评落地了，当时的评价是否全面、科学？验收监测正好检验。因此，"三同时"竣工验收监测方案的设计，需吸收环评报告的科学因素，同时要有否定环评报告的勇气。环评报告是预测，验收监测是实测，当用实践去检验理论时，更需要技术，思路要更开阔。

在环境质量监测方面，一些市、县监测站没有掌握布点原则，常规监测断面（点位）设置不合理，耗费了大量的人力、物力和财力，获得的数据却没有代表性。在应急监测、纠纷监测任务越来越繁重的情况下，由于缺乏系统研究，至今未发布相关的监测技术导则。

环境监测范围广泛，要素丰富，其内容的复杂性决定了技术的难度，要防止将环境监测简单化的倾向。善于发现技术问题，积极探索解决途径，使环境监测站具备研究能力，是环境监测站发展的必由之路。

项目突破需要解决什么问题？

环境监测站的转型发展是以完成大量业绩为前提的。要想在科研项目方面取得突破，一要解决没有思想、提不出项目的问题；二要解决科研人员不够的问题；三要注意平衡常规任务与研科的关系。

环境监测站的转型发展是以完成大量业绩为前提的。只有做项目，才能锻炼人才，才能取得业绩，展示综合实力。各级环境监测站要以项目为载体，通过项目争取资金，提高工作能力。

环境监测站所做的大部分是科研项目。要想在科研项目方面取得突破，一要解决没有思想、提不出项目的问题。事实上，很多基础环境问题调查、分析方法等都具有研究价值，只要主动思考，是能发现问题的。二要解决科研人员不够的问题。有些环境监测站确实没有储备科研人才，有些环境监测站则没有建立良好的激励机制，有能力的人不愿从事科研。科研能力是衡量一个环境监测站综合实力的重要标志，要以最优厚的政策吸引人才，营造有利于科研的氛围。三要注意平衡常规任务与研科的关系。科研的先导作用就像汽车的引擎，科研上去了，全站的发展才有后劲。常规任务是基石，科研则位于金字塔的顶层。在人才和精力调配方面，应优先科研，稳妥转化后，再将科研成果纳入常规监测体系。科研不断开辟新领域，并逐步充实到常规监测体系。只要雪球滚起来了，就会给环境监测事业带来积聚效应。

因地制宜需要把握什么原则？

省、市、县三级监测站转型发展的启动时间、转型路径、最终目标等差别较大，必须始终坚持分类指导的原则，加强个案分析。对取得的经验，要及时总结、归纳、升华，加强交流，分享成功做法。

各级环境监测站转型发展的实质是从管理力所不及的繁杂事务向集中力量突破技术和业务瓶颈转变。环境监测站系统要深入分析转型发展的限制因素，因地制宜，整体设计，逐年实施，稳步推进，稳妥转型。

设备、技术、人才、业务和文化是各级环境监测站转型发展必须考虑的五大基本要素。其中，设备是前提，技术是基础，人才是关键，业务是核心，文化是灵魂。转型发展首先要有基本的监测设施作支撑，没有工作场地，没有最基本的监测设备，环境监测站是不可能形成工作能力、独立存在的。还要培养一批人才，掌握先进技术，这样转型发展就有了手段，才有可能边干边转型。最后成型的环境监测站，应该是有统一意志、朝气蓬勃、高度负责、有崇高使命感的优秀集体。

受经济发展水平影响，各级环境监测站转型发展的起点条件差别很大，必须承认这个客观事实，分层定位、区别引导。省级监测站作为本省监测工作的组织者和技术中心，要率先转型。一要构建有效的省级监测网络，保证全省环境监测范围全覆盖，监测活动统一、高效；二要打造成为本省的技术中心，具有较强的研发能力，拓展新技术；三要加强技术指导，提高全省的综合实力。加强对全省的业务指导与培训，强化全省质量管理，分期分批推进市县能力建设工作。

市级监测站是环境监测网络的中坚力量，其具备突出的优势：一是人员、设备等达到了一定规模，完全具备了独立监测能力；二是在一个市范围内，工农业生产门类齐全，业务量能得到保证，监测站能正常运转。当前，市级监测站作为各项监测工作的具体执行者，承担了大量繁重的监测任务。要实现转型，一要继续配合省站做精、做细环境监测业务，提高监测质量和报告水平，提升对省级监测网络的支撑能力；二要突出对本市范围内特殊环境问题的长期监测和研究；三要大力培养专业人才，使其成为环境质量监测、污染源监测、应急监测等方面的业务能手；四要完善市、县分工方案，形成各尽其能、上下联动、配合密切的工作格局。

总体来看，县级监测站的业务能力不强，转型发展的难度最大。一要争取编制，建设稳定的监测队伍；二要用好能力建设资金，把最基本、最急需的硬件设备购齐；三要科学定位，确定合适的发展目标。县级监测站的建设标准不能一刀切，要把有基础、有需求的县级站先扶持起来。

省、市、县三级监测站转型发展的启动时间、转型路径、最终目标等差别较大，必须始终坚持分类指导的原则，加强个案分析。对取得的经验，要及时总结、归纳、升华，加强交流，分享成功做法。

理顺关系需要明确什么定位？

要把不属于环境监测站的职能划拨出去，逐渐还原环境监测站的技术和业务本色。环境监测行政主管部门与环境监测站的工作目标是一致的，环境监测站要更多地借助行政力量，全面推进工作。

转型发展是全国环境监测站系统一盘棋管理、一条龙联动的前提，各级环境监测站要进一步统一思想，自觉调整工作重心。如果对转型发展存在认识上的偏差，上下不能保持统一步调，就会影响以后的工作对接，削弱整体工作能力。对转型发展，各级环境监测站必须积极响应，并在今后一段时间内将其作为重点工作来抓。

环境监测站本来就是一个技术单位，但由于有些工作内容带有行政管理色彩，监测站没有找准定位，本该强大的技术没有得到发展。在转型期，要把不属于环境监测站的职能划拨出去，逐渐还原环境监测站的技术和业务本色。首先，行政和技术应由两类不同的人才分别承担。其次，环境监测应纳入行政管理序列，这样有利于提高地位，拓展业务范围，整合监测资源。最后，技术研究要有板凳需坐十年冷的精神。

环境监测站的转型发展要善于争取行政主管部门的支持。环境监测行政主管部门的同志大多数都从事过环境监测工作，其管理环境监测站更为专业、有经验，在重大问题上更容易与环境监测站达成共识。环境监测行政主管部门与环境监测站的工作目标是一致的，只是在工作手段和方式等方面存在差异，环境监测站要更多地借助行政力量，全面推进工作。

整体提高需要采取什么方法？

各监测站转型发展的条件不一样，进度、效果肯定存在差异。要善于发现典型，及时引导，助其成功。同时进行宣传，以点带面，促进整个系统的转型发展。

环境监测站的转型发展是一次脱胎换骨的新生，既是利益格局的调整，更是奋斗方向、工作能力的大考验。要充分考虑转型发展的长期性、艰巨性和复杂性，采取强化措施，全力推进。

首先，切实转变思想观念，变被动服务为主动工作。只有下决心转型发展，才能完全满足环境管理的需要，并且通过做大做强业务，奠定开展自主研究的技术和经济基础。环境监测要适当超前于管理需要，增强工作的预见性，敏锐识别环境热点问题，组织力量攻关，不断开发出成熟的技术。

其次，从手头的事做起，克服无所适从的迷惘心理。各级环境监测站要有所作为，必须培养愿做事的精神、会做事的能力、做成事的豪气。转型发展，首先要不折不扣地完成各种指令性任务，然后培育自己的研究方向，形成有别于规划院、环科院等单位的技术体系。

第三，充分发挥人才对转型发展的支持、带动作用。人才是转型发展的最重要动力。要给各种人才以动力和压力，使其在转型发展过程中脱颖而出，并带动整个领域的发展。

最后，实现典型带动，全面推进。各监测站转型发展的条件不一样，进度、效果肯定存在差异。要善于发现典型，及时引导，助其成功，同时进行宣传，以点带面，促进整个系统的转型发展。

完善环境监测财政保障还差几步？

潘海婷　罗岳平　张　晋

国务院发布的《生态环境监测网络建设方案》要求，完善与生态环境监测网络发展需求相适应的财政保障机制，根据生态环境监测事权，将所需经费纳入各级财政预算重点保障。

环境监测是政府应具备的一项基本公共服务能力，充足的经费保障是环境监测工作正常有效开展的重要基础。但长期以来，一些监测站在人员、设备购置、业务运行等方面的经费保障仍然不足，制约了监测工作的发展。

环境监测资金保障不到位，将制约监测工作的有效开展，影响监测数据的准确性。环境监测工作经费为何难以保障？笔者认为主要有以下几点原因：

一是环境监测事权责任划分不明晰。各部门在开展环境相关监测时存在多级多部门不同程度的职能重叠交叉、边界不清现象。对于一些环境要素的专项监测或调查工作，各部门多头开展，技术规范难以统一。环境监测领域的具体事权归属没有明确的法律规定，中央和地方各级政府支出责任不明晰，常导致支出的缺位、越位与错位。此外，由于缺乏明确的法律依据，政府主办环境监测事业机构与社会化检测机构的业务领域没有得到划分和规范，对社会监测机构的监管滞后。一些环境监测机构过多地承担了可由市场主体承担的委托检测行为，并将其作为单位创收谋生的手段，而本应完成的基本职责则可能受到影响。

二是缺乏合理有效的财政预算保障标准。环境监测领域广泛，各项业务费用需求各不相同。国家层面对业务经费的测算存在一个摸索的过程，一些新增的监测业务没有同步配套经费，或只配套了象征性的少量经费，没有形成相对稳定、科学的测算方法和执行标准。此外，地方财政现有的环境监测经费预算并没有考虑业务工作的实际需要，而是依据当地财力和历史沿革实行"一刀切"的基数加增长方式。

三是专项转移支付不够完善。中央和省级环保专项转移支付中拨付的环境监测专项资金，为各级环境监测事业的发展起到了重要的保障作用。但因资金流转环节较多，往往每年的环境监测专项资金要下半年才能下达经费指标，极大地影响了工作效率。此外，专项转移支付配套政策因财力不足等原因难以配套。上级部门对地方政府的财力承受能力考虑不足，经常规定地方按一定比例配套，但某些县级财政是"保工资、保运转"的吃饭财政，对民生和环保事业投入心有余而力不足，配套要求难以实现。

四是资金使用评价监督监管机制不完善。环境监测资金是否及时拨付？经费有没有真正使用到监测用途？资金是否按照预算使用？预算是否科学？目前，尚未建立一套有效、完善的环境监测经费预算编制、过程监控、结果反馈的财政资金绩效管理评价体系，没有充分利用绩效评价反馈信息以改进预算管理，强化预算"硬约束"，促进各级政府全面提升环境监测公共服务的供给能力水平。

如何完善监测财政保障机制？针对环境监测财政保障过程中存在的问题，笔者提出如下建议：

第一，明确划分环境监测事权责任。

环境监测整体上属于中央和地方共同事权，应根据一定原则，结合现实情况，科学划分各个监测事项的责任，视具体情况由中央、地方政府共同承担相应的财政保障责任，建立环境监测事权清单，为完善各级财政保障经费机制提供依据。应进一步明确各级监测机构的法定职能权责。新环保法中初步划分了监测职责，要求"环保部门统一监测网络，监测规范"。要通过制定相关配套法规对各级政府、同级政府各部门的监测职责尽量细化，减少交叉和重叠；对国家、省、市、县各级环境监测机构和职能任务进行科学化、法定化的划分；对适合社会机构参与的监测领域进行明确划分，对监测各业务领域的管理和支出责任进行细分。要优化监测资源配置，做到责权利相统一，投入、能力与任务相配套，做到政事分明、事社分明。对适合推进政府购买环境监测公共服务的事项，应通过有力的购买合同和信用评价体系约束企业行为，并进行有效的质量监管，保证数据质量，确保财政资金投入效益。

第二，重点保障各类监测经费。

应将环境监测作为环境保护领域的基础性保障，实行优先保障、优先发展。"十三五"期间，国家将实行环境监测机构省以下垂直管理，意味着中央对环境监测工作的高度重视。实行垂直管理制度后，可由经费相对充足的省级财政重点保障监测运行，还可从机制上确保监测经费不被挤占、挪用和截留。应将各级监测机构的人员及一般公用经费，环境质量监测、污染源监测、应急与执法性监测、仪器更新与运行维护等监测机构运行经费，购买监测服务经费等纳入财政重点保障和全额预算管理。各级监测机构应作为独立预算单位，彻底改变部分监测站依靠自身创收维持正常工作运转的被动局面。实行垂直管理后，同一省份各地间保障差异和专项转移支付存在的问题也可迎刃而解。

第三，执行监测经费定额保障标准。

公众对公共服务需求的规模、结构会随经济社会发展等因素发生变化，在需求增加时应加大财政资金支持力度，需求缩小时减少支出规模。财政对环境监测的财力保障重点应在公益性监测任务上，在审查各项工作开展必要性的基础上，针对具体监测任务的工作量与工作难易程度等进行经费的量化定额核算，提出符合客观实际的经费测算方法与标准以供执行，由财政按照定额标准拨付经费，以建立长效机制。新增重大监测任务需足额同步配套工作经费，应建立一定数额的年度监测业务经费动态基金，对于临时增加的重要专项或应急任务简化预算审批程序直接从中保障，确保财政资金的使用效益和监测工作效率。

第四，完善财政资金绩效考核体系。

要建立环境监测专项经费绩效评估评价体系。财政和环保部门应共同设计一套科学、合理的绩效评价指标体系，实行项目支出经费绩效考核，监督公共财政资金的使用状况。重点关注资金使用效果、成果的共享和应用，对财政资金的使用效益进行综合评价和考核，促使环境监测公共服务供给能力水平的提升。避免财政资金的重复投入与浪费，建立有效的监督制约机制，对环境监测财政资金的分配程序、使用过程、经济和社会效益进行跟踪反馈与改进，确保环境监测资金的持续有效使用，提高财政资金的使用效益。

环境监测业务市场化从何突破?

罗岳平 甘 杰 李启武

随着环境监测范围的扩大和要求提高,一些业务按市场化运作成为必然选择。社会环境监测机构应运而生,在江浙等省份蓬勃发展,并逐步向中西部延伸。湖南省上规模的检测公司已有20多家,承担环境监测业务的能力较强。但目前普遍开工不足,寻找检测市场的压力较大。

环境监测业务市场化应从何突破?笔者认为,企业自测应该首当其冲。在国外,污染物排放单位须自主开展监测并向社会公布相关信息。2013年环境保护部印发的《国家重点监控企业自行监测及信息公开办法(试行)》要求,企业必须承担起自行监测的义务,并与总量减排考核指标挂钩。新《环保法》对企业公开环境信息提出明确要求,也包括公开监测信息,这些应公开信息必须依靠企业自测获得。

目前,排污单位开展自测存在以下问题:很多排污单位没有开始启动相关工作;企业自测的内涵理解不深,监测不全面;监测信息公布不准确、不及时;公开方式不规范,不方便公众查询、下载历史监测数据。

之所以出现排污单位自测推进缓慢,有三方面问题需要重视。首先,环保相关管理者的认识还没有完全到位,执法不严,导致排污单位不能正确理解开展自测的必要性和紧迫性,工作主动性不强。其次,作为一项启动不久的业务,排污单位没有得到有效指导,还没有开始着手设计应对方案。第三,一些管理平台还没有迅速跟进。对于排污单位必须公布的环境信息要求有些还过于繁琐，不能够突出关键，简单清晰。

目前，有的省份在排污单位自测方面已有一些成功经验，对拒不履行自测责任或履行不到位的排污单位，依据新《环保法》予以罚款处罚，并责令改正；对拒不改正的实施按日连续处罚。

笔者认为，当前应积极推进排污单位开展自测和购买专业环境服务。一是督促排污单位启动自测。目前排污单位自测法律依据充分，管理手段充足。要将所有污染源暴露在阳光之下，这是加强污染源监管的关键一步。不打开排污单位自测这扇大门，门内的排污单位闲庭信步，等待观望；门外的社会监测机构则心忧如焚，资产闲置。

二是购买第三方专业治理和环境监测服务是督促排污单位履行环境保护责任的创新性手段。以前，有很多企事业单位是以节省安全生产和环境保护成本获得暴利。委托给第三方，相关购买资金就成为刚性支出，有利于保证环保投入，提高治理、监测、评价水平。不仅如此，购买专业的环境服务，能解决一些排污单位重视环保但不专业的问题。

此外，社会环境监测机构较强的服务能力和排污单位刚性的自测需求对接不畅，还需要环境管理部门做好引导工作，最终形成多方共赢的市场化局面。

把握好环境监测市场化节奏

罗岳平　周湘婷　潘海婷

新《环保法》对统一监测、统一监测信息发布等进行了详细规定。当前，环保部门直属的环境监测机构孤军奋战，长期独立承担日益繁重的工作任务，压力巨大。对于环境监测工作而言，必须加强统筹，整合水利、国土、海洋等部门的监测力量，同时，积极发挥社会监测机构的作用，形成合力，共同建设完善的监测网络体系，及时发布各种监测信息。

有鉴于此，环境保护部出台了《关于推进环境监测服务社会化的指导意见》，鼓励社会监测机构良性发展。引进社会监测力量共同参与环境监测，既满足了环境监测工作日益增加的需要，又能缓解环保部门直属环境监测机构人手不足等问题。

然而，改革并不是一蹴而就的。放开环境监测市场，应当按照规定的基本原则有序、稳步开展，避免一放就乱。因此，科学把握环境监测市场化节奏对于改革成功与否至关重要。

引导环境监测市场化，必须准确把握供求关系。管理部门要科学测算、合理规划，如本辖区内有多少监测业务，将哪些留给直属环境监测机构，哪些需要向市场购买等。否则，很容易造成社会监测机构一哄而上的局面，导致产生巨大的投资风险，进而引发恶性竞争，在争夺有限的监测业务时，出现滥价、编造数据或使用其他不正当手段等现象。

市场化并不意味着放弃行政的管理和指导。要引导在先，保证监测市场可控，帮助相关公司客观分析市场风险。必须认识到，在市场已饱和时，新成立公司会面临过度竞争风险；市场还有潜力而未及时成立公司，则有丧失投资机会的风险。具体经办人员要详细介绍实际情况，并为前来咨询的公司提供合理化的建议。

面对环境监测市场化的冲击，必须做好资金保障。在环境监测市场化推进的过程中，财政资金是调节市场化进度的闸门。环保部门直属环境监测机构每退出一项监测业务，就会有社会监测公司通过竞争承担，但财政应安排好两方面资金：一方面是购买社会监测公司服务的资金；另一方面是环保部门直属环境监测机构因退出而获得的补偿。只有将相应的资金安排到位，监测服务市场才会逐步放开，环境监测市场化的推进也将有条不紊地进行。

把握政府购买监测服务关键环节

潘海婷　罗岳平　张　晋

环境保护部下发《关于推进环境监测服务社会化的指导意见》，对整合社会环境监测资源共同参与环境监测工作，探索创新环境监测公共服务供给模式提出了具体要求。近几年来，各地也开展了政府购买环境监测服务的实践。如湖南省政府把环境监测作为政府购买服务的六大试点领域之一，并选择将污染源在线设施运营维护、地表水水质自动监测运行维护两个项目作为试点项目。

但政府购买环境监测服务是一项系统工程，不可能一蹴而就，也不可能简单地一购了之。如果事前缺乏科学规划、事中缺乏严格监管、事后缺乏客观评估，很可能事与愿违，既不能购买到准确、可靠的监测数据，而有限的财政资金也不能发挥效用。笔者认为，在政府购买环境监测服务中应重点关注以下几个环节：

一是科学拟定购买清单。要明确界定各级监测机构的法定职能、职责，如属于政府监测机构法定职能事项则不是购买服务，而应由财政保障相应运行经费，对适宜购买服务的项目，则安排相应的购买服务资金来实施。各地应根据经济社会发展水平、事业单位改革和监测行业发展现状、政府购买服务需求、财政资金预算等现实情况确定购买服务清单。现阶段并不是所有的环境监测领域都适合采取政府购买服务的方式提供，应在充分调研后再确立各级政府购买环境监测服务的领域和项目动态清单，并将所需经费全额纳入同级财政预算管理。应组织专业机构按照科学的方法，详细测算出购买监测服务事项的运行成本和费用，形成定额参考标准，作为购买服务的预算定价依据。既要保证购买服务的承接主体有一定的利润，又要防止低价恶性竞争。根据具体情况采取公开招标、竞争性谈判、单一来源等具体购买方式。

二是签订完备的购买合同。合同的完善与否是政府购买环境监测服务的关键因素。公平、合理规定合同履行的细则对于监测服务的供需双方至关重要，要明确购买和承接两个主体的责权利，规定购买主体按合同拨付经费，承接主体按合同履行监测服务。要基于每个购买项目的特点确定合同条款，对于监测服务内容和目标既要可行可达，又要便于厘清各自责任。要对购买服务的质量评价验收标准作出明确规定，并据此确定经费拨付比例与方式，通过合同条款保障财政资金的使用效益。

三是建立完善的质量抽查监管机制。多数环境监测服务的承接主体天生具有逐利性。在市场培育初期，承接主体还可能会存在内部管理经验不足、技术员工流动性大、人员技术水平参差不齐等方面的问题。并且，与一般事务性的服务不同，环境监测服务具有一定的技术难度以及监测数据不可复现等特点，使得评价其服务质量具有一定的专业性和难度。如果缺乏有效的技术监管、监督，很难取得预想的购买效果。因此，必须依靠现代互联网技术和人工现场检查手段，建立一套将远程与现场结合的质量监管抽查体系，由政府专业机构独立、客观、公正评价服务质量，为政府购买服务的经费拨付等提供依据。应当明确由政府专业机构对购买服务的评估评价结果负责，而监测承接主体对所提供的数据质量负责。

四是提供公平的社会环境。有了公平的裁判规则，运动员才能公平竞争。市场经济是信用经济，但在我国社会信用体系建设尚不完善的情况下，环境监测领域也不可能独善其身。政府在购买环境监测服务时，最大的责任应当是制定规则，提供公平竞争的环境。尽快加强全社会信用体系的构建，建立黑名单与淘汰退出机制，将监测领域信用评价体系的建立与完善纳入全社会信用体系建设之中。对于提供虚假数据的单位应按照相关法律惩戒到位。

　　五是接受广泛的公众监督。对于各级政府相关工作人员而言，政府购买服务形成了委托代理关系，也具有一定的廉政风险，要建立一套能够规制权力寻租行为的廉政风险防范责任体系。应加大信息公开力度，公开环境监测服务购买清单、采购方式和结果、监测服务评估结果、监测服务的数据成果等，让公众和全社会广泛监督购买主体和承接主体的行为。

监测市场放得开也要管得住

罗岳平　黄东勤　殷文杰

近日，关于第三方检测机构监测数据弄虚作假的新闻报道持续发酵。山东省临沂市 2016 年 8 月查处了 44 起自动监控运营管理违法行为。其中，两名当事人将取样探头放入一个盛满清水的白色塑料桶内，导致自动监测设备不能有效地对外排废水进行监控，被公安机关拘留 15 天。山东鲁南地质工程勘察水土测试中心整改验收不合格，被山东省环保厅从《社会环境检测机构目录》中删除，且 3 年内不得重新申请。同样，广西、山西、浙江、河南等省区也加大了对第三方检测企业的监督检查力度，曝光了各种不规范现象。监测数据造假问题屡见不鲜。

在探讨问题之前，先来分析当前环境监测市场的形势和前景。笔者认为，目前环境监测市场处于较好的发展机遇期，很多领域都需要依靠监测作技术支撑。而环保部门直属环境监测机构的工作能力远不能满足需求，大量的监测业务可向第三方检测企业开放，这种新型业态市场前景广阔。也正是基于这种判断，很多热钱进入第三方检测领域。招兵买马、租场地、买设备，拉动了固定资产投资。

但客观分析，到目前为止，环境监测的市场潜力并未完全被挖掘。目前第三方检测企业所承接的主要业务，还只是环保部门直属监测机构原来负责的传统业务，如"三同时"验收监测，水、气自动站运维等。这些只是在一定程度上减轻了官方环境监测机构的工作压力，但企业自测等可市场化的业务板块并未真正打开。很多第三方检测企业的经营遭遇瓶颈，面临队伍不稳定、投资收回慢等实际困难。第三方检测企业在生产业绩不佳、资金周转压力大的情况下，就有可能采取数据弄虚作假等手段降低成本，甚至出现监测人员不去现场，只是依据历史资料编报告书的极端事例。

一方面，第三方检测企业监测能力的形成需要时间积累，打造技术过硬的监测队伍不是朝夕之功；另一方面，很多监测工作具有连续性，特别是一些趋势分析需要追溯历史数据。只有每年的数据都真实、准确、可靠，发现的规律才有价值。

数据质量是监测工作的生命线。必须提高第三方检测企业的业务水平，杜绝数据弄虚作假。

首先，严格行业自律。投资者要端正思想。第三方检测不是暴利行业，其经济回报没有预期的那么高。既然投身这个行业，就要承担相应的社会责任。要保持足够的战略定力，在谋求适当投资回报的前提下，做好打持久战的准备，在人才、设备、管理等方面加大投入，创造安心做事的工作氛围。当然，相关部门也要做好相关政策的配套，推动监测收费改革，在规范第三方检测企业监测行为的同时，为企业留下合理的利润空间，体现其技术价值。

其次，加强对第三方检测企业的质量控制。2007 年原国家环保总局发布的《环境监测管理办法》第 21 条规定，"经省级环境保护部门认定的环境监测机构应当接受所在地环境保护部门所属环境监测机构的监督检查"。环保部门有权对第三方检测企业开展质量控制。对其进行技术指导既是正常履职，避免了渎职失职风险，也有利于帮助第三方检测企业提高业务水平。同时，质量技术监督主管部门作为计量认证的责任单位，既要把住发证关，也要加强颁证后的监管，监督第三方检测企业的工作质量。质监部门和环保部门要逐步构建联合监督机制，形成工作合力，有效发现并控制第三方检测机构数据弄虚作假的问题。

第三，严惩第三方检测企业在数据方面的违法违规行为。《检验检测机构资质认定管理办法》等法律法规对篡改伪造数据等行为的处罚已作出了明确规定，相关的法律法规体系已基本健全。相关制度能否落实成为关键。只有形成例行监督检查机制，发现问题依法依规严惩，才能对第三方检测企业产生震慑效果。上海市对篡改伪造数据的行为不仅依法查处，而且将结果应用起来，其经验值得借鉴。例如，将企业及从业人员的不良信用信息录入上海市公共信用信息服务平台并向社会公布；性质严重的，依法限制或禁止其参与政府采购、政府投资项目投标等活动，其他任何单位和个人也不得使用或采纳其提供的服务、出具的监测数据或结果；为造成环境污染和生态破坏的企业提供造假数据的第三方检测企业，除需接受处罚外，还应当承担连带责任，构成犯罪的，依法追究相关责任人的刑事责任。

面对已成规模的环境监测市场，为防范劣币驱逐良币的情况发生，必须加强市场监管，深入第三方检测企业开展质控检查。对有意弄虚作假监测数据的行为零容忍，使其一次失信，处处受制。唯有如此，第三方检测企业才会敬畏游戏规则，牢固树立质量意识。如果每个第三方检测企业都能自我约束，那么，环境监测市场必然放得开也管得住。

环境检测公司需宽进严管

罗岳平　田　耘　曾　钰

环境保护部 2015 年 11 月 27 日联合国家发改委印发《关于加强企业环境信用体系建设的指导意见》，明确提出环保部门应建立和完善环境监测机构信用记录，严厉打击失信和弄虚作假行为，并建立黑名单制度。这对规范环境监测市场将产生深远影响。

环境监测市场化近年来推进迅速，一大批第三方监测机构和第三方运营服务公司涌现，对加快政府环保职能转变、提高环境监测效能发挥了积极作用，但是弄虚作假、篡改或伪造监测数据等行为也屡见不鲜。由于相关法律法规缺失以及监管缺位，相应惩处没有及时到位，阻碍了监测市场的健康发展。

环境监测绝不是暴利行业。市场放开前，环保系统直属监测站之所以能正常运行，主要依靠财政拨款。"三同时"验收监测等收入只是弥补了拨款缺口，或解决了一些固定资产投入资金，总体上日子过得紧紧巴巴。放开监测市场后，环境检测公司往往以逐利为目的。目前很多地方执行的是 2000 年左右制订的收费标准，这一标准是按不完全成本测算的，没考虑实验室基建、设备购置折旧、车辆运行等因素，整体价格偏低。如果按这个标准收费，检测公司基本上无利可图。但是为占领市场，竞争对手互相压价，最后的中标价格通常很低，不可能完成正常监测任务，更不用说企业能保持合理利润。资金不足，监测服务质量就会大打折扣。

环境监测市场的放开激活了投资，但是大量社会资金涌入后，状况并不乐观。一是业务量没有完全释放出来，市场盘子没有预想中那么大；二是收费不高，利润异常低；三是竞争相当激烈，"僧多粥少"的矛盾突出；四是监测技术要求高，公司管理风险大。运行两三年后，一些小公司已萌生退意，有的规模公司受恶性竞争拖累，成长也很艰难。在这样的局面下，竞争失范的可能性很大，急需加强市场监管。

然而，对检测机构的失信和违法行政处罚，相关法律法规缺失。2014 年修订的《计量法》实施细则第 55 条规定，"责令其停止检验，可并处 1 000 元以下的罚款"。显然，这种处罚力度已滞后于监管需要。2003 年颁布的《认证认可条例》，对实验室未经指定或者超出指定的业务范围擅自从事检测活动的违法行为，设立了行政处罚条款，"责令改正，处 10 万元以上 50 万元以下的罚款，有违法所得的，没收违法所得"。但是，违法主体仅限于与认证有关的实验室，且上述违法行为只是被施以一定经济处罚或责令整改，处罚力度不大，不足以震慑不良检测机构以虚假数据或报告扰乱市场。新环保法对行政事业单位工作人员篡改或伪造监测数据作出了处分规定，但对社会机构处分条款较为模糊和原则性。社会化监测是新生事物，管理存在问题不足为怪，信用体系建设正好弥补了空白。

信用体系建设是监管环境检测公司的杀手锏。对合格的检测公司，信用评价对业务发展如虎添翼；对投机者，信用评价则能发挥淘汰和把关作用。严格的信用体系建设要达到什么效果？就是及时曝光弄虚作假行为，将相关企业纳入失信黑名单。采取取消政府采购资格或不给予授信贷款、暂停或吊销计量认证证书等措施进行严肃处理，形成失信成本太高、不敢失信的高压态势。

对环境检测公司宜宽进严管。不管出于什么投资目的，只要符合国家法律法规的要求，进军环境监测市场，缓解目前监测资源紧张的行为都应受到鼓励。但一旦投身这一事业，就必须科学、严谨、准确，完全按法律法规和市场规则开展工作。监测数据绝不允许掺进沙子。如果商业利润和科学精神发生不可调和的矛盾，那么必须将这些公司淘汰。

　　目前，最大的风险在于没有机构对社会化检测公司的工作质量进行监管。在缺少公正监管情况下，业主单位极有可能与检测公司达成某种默契。对于环境监测，事中事后绝不能放任自流。监管缺位越久，会致使问题积累越多。当前，明确社会检测公司的监管责任主体及其工作方式已刻不容缓。

　　社会检测机构生存不易，需要政府和环保部门培育市场，助其健康发展。很多企事业单位需要开展自测，如果自行投资，建设周期长、成本高，而购买社会化的检测服务更经济、便捷。这就需要环保部门加强政策引导，加强行政调控，一方面让监测机构有事情做；另一方面要监督其把事情做好，保障市场的运行平稳有序。

　　信用体系建设事关行业健康发展。当务之急，要尽快完善相关建设内容，客观反映环境检测公司的实力、业绩和诚信水平。尤其是要加强信用评价结果的应用，配套制订相关管理制度，明确评价标准、评价信息来源、评价程序、对失信行为采取的惩戒措施等。

加强环评现状监测很有必要

罗岳平　田　耘　胡华勇

河北省环保厅 2015 年 10 月 13 日公布了《关于进一步深化环评审批制度改革的意见》。意见提出，建立公平有序的环评服务市场。支持具有 CMA 资质的监测单位和实行名录登记的环境监理单位，在河北省开展环境质量现状监测服务和环境监理服务。

此前环境保护部发布的《关于推进环境监测服务社会化的指导意见》明确指出，服务性监测应全面放开，并明确鼓励社会环境监测机构参与环境影响评价现状监测。

乍一看来，环评现状监测似乎不如环境质量等其他监测重要，甚至管理部门也可以降低审查标准。但是笔者认为，对环评现状监测工作地位的认识仍然不能有所偏差，否则，建设项目竣工后产生的环境影响有说不清的风险。

监测工作贯穿一个排放污染物企事业单位的整个生命周期。建设前，要开展环评现状监测，在还有环境容量的地方落地；建设过程中要开展监测，评价施工对周围环境的影响；竣工后要接受"三同时"验收监测，证明具有治污能力；正常生产时要按规定自测或配合监督性监测，维持达标排放状况；企事业单位永久性关闭，要对遗留环境问题进行监测后再作决定。可以说，排放污染物的企事业单位如果不重视监测，不积极应用监测成果，就不可能在环境管理方面赢得主动、打开局面。

环评现状监测是针对排放污染物企事业单位监测的第一粒"扣子"。为什么这么关键？首先，环评现状监测决定了企事业单位能不能落户。环评现状监测本质上是企事业单位建设前的一次环境质量现状调查，必须权威、全面。如果监测发现拟选址区域的环境质量已严重恶化，不宜再做加法，那就要另外选址。环境容量就像做一道菜，加盐要适度，如果已入味，再抖一点盐进去，就咸得不能接受了。任何企事业单位聚集发展，都不能超过单位土地面积的总环境容量，要不然就会带来环境损害。

其次，环评现状监测是以后各种监测评价的最基本参照，如果基准值都不按最高标准要求，以后的所有比较就会产生系统误差。尤其是"三同时"竣工验收监测，投入大、监测全，总体上是比较可靠的。如果用这套相对准确、系统的监测数据和可能较为粗糙的环评现状监测数据进行比较来考核项目建设后产生的污染增量，一是指标不对应，二是用确定值减去不确定值，易导致误判。

最后，环评现状监测结果不仅是企事业单位关注，环境管理部门更要应用。研究环评批复，首先要看环境基础允不允许容纳这个项目带来的污染增量。从这个意义上讲，环评现状监测具有公益性，属于应公开的信息，必须科学、真实。

当前，有不少环评机构满足于到处收集一点历史数据、东拼西凑形成个简单报告或章节完事，为环境管理留下隐患。这种现象必须予以遏制，倘若环评现状监测不认真，就会动摇环境评价的根基。目前，在福建等省份，环评批复首先单独预审环评现状监测报告，从而在体制上保证了环评现状监测工作的严肃性，这一做法值得提倡和推介。

环评现状监测需要制度保障

潘海婷　罗岳平

环境影响评价（以下简称"环评"）制度是我国生态环保领域一项非常重要的法律制度。环境质量现状监测所获得的监测数据是环评工作必不可少的基础数据。受各种因素影响，目前环评现状监测工作存在一些问题，急需用相应的制度予以规范，从而保证现状监测数据准确可靠。

环评监测工作存在的问题。

在实际工作中，部分环评现状监测存在监管缺失、缺控现象。主要表现在：

现状监测及历史数据引用不规范。在有些环评文件中，引用几年前的不具代表性的历史监测数据；有些监测数据无合法来源，零星获得的数据不系统、不完整；个别环评机构得到现状监测数据后，存在修改、删除超标数据或授意监测机构修改数据的情况。这些不规范，直接影响到环境影响评价结论的公正、可靠。

部分开展现状监测的机构资质和能力不能满足要求。一些省市已实行了环评现状监测业务的市场化，但由此也不可避免地伴生了监测机构良莠不齐等问题。环评现状监测应由有资质的机构承担，但受利益驱动，某些环评机构和项目业主主要从节省成本等角度考虑，不太关注选择的监测机构是否具有相应的资质和能力。

监测方案不全面。一些环评文件编制的环境监测计划章节较薄弱，现状监测项目不全，监测点位、频次不符合相关技术规范，存在降低监测频次，缩短监测时间，甚至忽略特征因子等现象，易导致环评结论出现偏差。

监测数据可信度不高。部分承担现状的监测机构不严格遵守有关技术规范，随意出具监测数据，而在环评文件的技术审查环节往往也忽视对环境现状监测数据的仔细审核把关，有时简单以监测机构出具质量保证单代替严格的数据审核。种种原因，导致了部分环评文件中的监测数据质量和可信度不高，为后续的项目审批、验收及日常监管埋下了诸多隐患。

完善环评监测的对策思考。

为了加强建设项目环评现状监测管理，保证现状监测数据的可靠性、准确性和代表性，切实提高环境影响评价结论的可信度，笔者认为，需要统筹考虑、多措并举，建立健全环评现状监测监管体系，做到以下几点：

充分认识环评现状监测的重要作用。在环评过程乃至项目建设全过程监管过程中，环评现状监测是非常重要的基础性工作，而不是可有可无或走走过场。项目建成后，至少须说清 4 个情况，一是项目建设前的环境本底情况怎么样？二是项目建设过程中带来了哪些阶段性的环境影响？三是项目建成运行后给周围环境增加了多少负荷？四是项目正常运行状况下周围环境质量仍能维持合格否？而环评现状监测是说清后面 3 个问题的基础乃至后续的"三同时"验收工作的基础，必须认真对待，确保监测数据的公信力。

规范监测历史数据的引用。环评文件中所引用的历史监测数据应满足项目评价要求，保证各环境要素及指标的针对性，并确保引用监测数据的完整、有效和可溯源性，要有明确出处，并附相应监测单位的监测报告及资质证明文件。历史数据的引用，应从监测点位的一致性，监测因子、监测频次和使用期限的符合性等方面进行全面评估，只有在符合各项要求的前提下，方可优先使用。

建立监测机构质量管理考核制度。在环评文件评审时，应仔细核查现状监测机构的监测能力，在环评文件的附件中应当包括承担环境现状监测机构的计量认证合格证书、检测能力一览表及相关证明材料，以佐证其具有检测能力。管理部门可每年组织对辖区承担环评现状监测的机构进行专项的质量考核和抽查，建立环评机构和监测机构的诚信体系和市场退出机制，对监测机构的诚信度进行评估和公示。

完善现状监测数据审查制度。在环评文件的整个技术评估过程中，应加大对环评文件中监测数据的技术审查力度，把环境现状监测数据作为重要环节来审核评估。建议建立现状监测数据的预审制，由权威监测机构或专门的监测专家着重对照监测原始记录、监测报告、资质证明文件等资料进行监测数据质量、监测机构资质等方面的预审，凡在审查中发现现状监测数据不到位、不能反映真实环境现状或存在严重的数据质量问题的环评报告视为预审不合格，不提交技术评估会。

建立严格的责任追究制度。《环境影响评价法》规定，接受委托为建设项目环境影响评价提供技术服务的机构在环境影响评价工作中不负责任或者弄虚作假，致使环境影响评价文件失实的，要采取相应处罚措施。环境影响评价机构、环境监测机构，在有关环境服务活动中弄虚作假，对造成的环境污染和生态破坏负有责任的，除依照有关法律法规规定予以处罚外，还应当与造成环境污染和生态破坏的其他责任者承担连带责任。

环境监测"垂管"难在队伍建设

罗岳平 曾 钰 郭 卉

党的十八届五中全会提出，实行省以下环保机构监测监察执法垂直管理制度。这是环境管理体制的重大创新。环境监测工作的业务板块相对稳定，工作手段也较为成熟，实行垂直管理的技术难度可掌控，但人才队伍的整合与能力建设预计需要较长时间，甚至成为影响垂直管理效果的难点。

总体上看，环境监测队伍的内部差别较大。在省级层面，技术实力基本相当，每个省（市、自治区）站（中心）都拥有数量不等的优秀监测专家，是监测网络的中坚力量。在设区市层面，差别已经拉大，有的技术实力和省级站相当，甚至还要强，但有的市级站缺编制、少设备，完成常规任务都有困难。在县级层面，差别更大，有的完全可以独当一面，但有的县级站并没有运作起来，仪器设备没有开封，人员也被借调从事其他环保工作，基础非常薄弱。

事在人为。以目前的经济实力，只要下决心加大投资，短期内就可使办公用房、仪器设备等硬件设施武装到位。但队伍建设有其特殊规律和周期，硬件设施到位了，没有合格的监测人员，也无法产生真实、准确的监测数据。

垂直管理难在对存量监测人员的合理安置。对一穷二白或有空余编制的市、县级站，垂直管理难度相对较小，设计好方案后，公开招聘技术力量补充进去即可。而最棘手的问题是，一个县级站有全额拨款事业编制30多个，自收自支编30多个，总共近70个，但垂直管理不可能给一个县级站分配这么多编制，怎么分流是一个难题。更为普遍的情形是，各级环境监测站往往成为人才摇篮，很多监测人员借调到局机关、监察等部门，已经不是监测队伍人员。

垂直管理，工作人员的思维方式、技术能力等都要磨合，如果磨合得不好，就有可能出现非常尴尬的局面，即名义上人齐额满，但相当一部分人员的工作能力不强，达不到通过垂直管理促进工作质量提高的预期目的。而且，这批人员离退休尚早，在此期间，如果监测技术进步不明显，就会对垂直管理的成效或队伍形象产生负面影响。

实施垂直管理，省级站和设区市级站的人员编制以做加法为主，队伍会进一步加强，能力也会相应提升，从而带动监测队伍整体实力的增强。而对数量众多的县级站，具体情形千差万别，应按照区别对待、分类指导的原则，多提供一些改革路径或垂直管理模式，要求省、市级站联合县级站协商，一县一议，定位好发展方向，形成精干、高效的上下一盘棋的格局。

在垂直管理新模式下，县级站会壮大成可依靠的基层力量，还是变得尾大不掉？应该说机遇与挑战并存，需要客观分析利弊，既要延伸监测抓手，又要保证抓手有力。扭住人才队伍这个"牛鼻子"，科学利用存量资源才是关键。

铲除虚假环境监测数据土壤

罗岳平　刘荔彬　田　耘

监测数据是各级环境监测机构提供的最基本产品，是环境监测工作价值的最直接体现。多年来，监测站一直坚持着一项基本原则，那就是不合格的数据不得报出，而报出的环境监测数据必然是铁证如山，以此保证管理部门执法如山。

然而，对环境监测数据不准确、虚假等的质疑不绝于耳，使整个监测系统蒙上阴影。新《环保法》对此高度关注，对篡改、伪造以及指使篡改、伪造环境监测数据的行为提出了严厉的处罚措施，从法律层面保证了环境监测数据要公正、客观、准确。

环境监测数据真实、可靠，首先是个技术问题。采样设备改进、实验室分析仪器更精密等都会提高监测数据的准确性。以铊监测为例，原子吸收只能检测出微量的铊，而 ICP-MS 则可监测到痕量乃至超痕量浓度的铊。环境监测技术进步，就是应用最先进的仪器设备不断检出更多种类、更低浓度的污染物。从这个意义上讲，监测数据的可靠性永远都只是相对概念，受制于当时的技术、设备水平。保证环境监测数据真实、可靠又是个严肃的政治问题。环境监测数据一旦与政绩考核相关联，不可避免地会遭遇行政干预；一旦应用于企业信用等级评价等环境管理领域，就存在经济利益方面的诱惑；一旦被群众所关注，则用来当作维稳工具等的风险无处不在。只要环境监测数据附带了行政色彩，受指使而进行篡改、伪造的可能性就相当大。

出于职业道德，无论是环境监测机构还是具体工作人员都不愿出假数据、假报告。然而，环境监测弄虚作假的现象并非绝无仅有。这种事情每发生一起，带来的负面影响波及一大片，特别是导致基层环境监测工作的被动。

如何避免出现虚假环境监测数据？笔者认为，要从内、外两方面着手，铲除滋生数据腐败的土壤。

首先，抓内因，培养环境监测机构杜绝虚假数据的能力。一是强化思想教育。选择从事环境监测事业，就是选择清贫、辛苦、钻研。干这个行当，就要看淡名利。在金钱面前控制了私欲，才能保持测准数据的定力。二是不断追求技术进步。适时购置先进的仪器设备，并相应开展人员培训，从技术上保证数据测得精准。三是完善质量管理体系。环境监测是一个复杂的流程式作业，从设计监测方案到出具监测报告，有多个环节，并且环环相扣。哪个环节有失误，都会对整体结论产生影响。因此，全程序质量管理至关重要，要确保每个环节的工作经得起推敲。尤其是对超标数据，增加内部会商环节，有绝对把握后再对外公布。四是持续丰富工作手段。环境监测数据成为关注的焦点后，整个系统要增强自我保护意识，注意原始证据的保留，特别是现场拍照、摄像等，满足举证需要。

其次，利用法律摆脱外部的行政干扰。出具虚假数据的棒子打在环境监测机构头上，但其成因实际非常复杂。被逼无奈、屈从外部行政压力可能是更重要的原因。要借鉴政法系统的改革经验，建立领导干部干预环境监测活动档案，将指使篡改、伪造环境监测数据的言行记录下来，按新《环保法》追究法律责任。

最后，社会化环境监测机构的工作质量也要严格要求。推进环境监测市场化是做强做优环境监测事业的必然选择。随着竞争日渐激烈，低价拿业务、不做监测也敢出报告的情况不是没有。如果不进行有效控制，带来的管理风险是巨大的。对这些社会环境监测机构，要出台一些一票否决措施，自其从业之日起就保证高起点。对社会化监测，数据质量要摆在首位，其次才是经济效益。不管是政府还是企业资金，都要立足于购买到合格的乃至优质的环境监测服务。

第六篇

大气环境

用好大气污染防治调度令

罗岳平　潘海婷　田　耘

为落实大气污染防治管理职责，河北省人民政府于 2016 年 11 月在全国首次授权省大气污染防治办公室下达了在重点地区实行重点行业错峰生产的调度令，一些设区市人民政府也相继发布了一系列类似的调度令。这些调度令的下达，取得了应对重污染天气的主动权，有效减少了气型污染物的排放，延缓了城市空气环境质量的恶化进程，社会效益明显。

调度令是政府公文的一种形式，一般适用于抗洪抢险等灾难性事件处理，即将发生时开展紧急调度，优先保护人民群众生命、财产的安全，不排除在生产、经济等方面做出必要的牺牲。灰霾污染对人体健康的危害已形成共识。对灰霾发生的机理，公认不利气象条件是直接原因，污染物排放是根本原因，跨区域传输是不利因素。灰霾污染往往在不利气象条件下发生，而目前人工干预气象的难度大，跨区域传输也基本上无法人工调控，因此人们可以有作为的，主要是减少气型污染物的排放。当群众反应强烈的灰霾污染发生时，采取最严厉的措施管控排污的企事业单位是改善民生的必然选择。

灰霾猛于虎。作为一种在紧急情况下采取的应急性处置形式，大气污染防治调度令具有权威性强、社会关注度高、执行力度大及成效明显等特点。只要是在适当时机应用，不仅可以彰显地方人民政府向灰霾污染宣战的决心，而且能取得立竿见影的灾害阻滞作用，是治霾路上的管理创新。

洪水、台风等自然灾害是不可控的，要通过紧急调度减少可能带来的损失。

灰霾污染则在一定程度上是人为可以预防的，因此，更要发挥人的主观能动性，主动干预其形成过程。调度令在这方面大有可为。要使调度令取得最佳综合效果，需注意其下达环境、调度内容等事项。

首先，调度令必须应时而发。调度令属于临时性的强制措施，只在紧急情况下才下达。因此，要严格控制调度令的使用频次，自始至终维护调度令的严肃性。调度令要正确处理环境安全与经济平稳运行的关系，不能顾此失彼，在必要时需要果断决策。

其次，调度令下达要准。灰霾污染来源广泛，各行各业都有贡献，要通过开展源解析和建立源清单等基础性工作，找准主要矛盾，控制关键污染来源，争取以最小的经济代价取得最大的大气污染防治成效，尽最大可能维护正常的生产生活秩序。

第三，调度令下达要狠。制度的生命力在于执行。对有令不行的，要派出调查组依法依规严肃查处，视情节轻重追究有关企事业单位和相关人员的责任。对下达的调度令要一抓到底，否则既影响行政决策的权威性，也干扰对决策正确与否的评判，不利于积累大气污染防治经验。

第四，调度令下达要有预见性。每次灰霾污染都有一个完整的发生、发展和消失周期，当各种信息都表明一次灰霾污染过程正在形成时，要在恰当的时机下达生产调度令。科学调度城市生产生活可以阻滞严重灰霾污染天气的发展过程，降低其所能达到的 $PM_{2.5}$ 浓度峰值。调度开展得越早，则后面的应对越从容不迫。

精准治霾需要耐心

罗岳平　　潘海婷

　　灰霾污染具有反复性，只要工程控制稍有放松，不利气象条件周期性出现，霾锁全城的现象就可能发生。这与阶段性的经济社会发展状况密切相关。

　　从全国来看，灰霾污染表现出鲜明的地域性特征，单位国土面积开发强度超过大气环境容量的地方就有可能局部性或连片发生灰霾。相反，在一些农村和西部地区，大气污染物来源少，雾霾影响相对较轻。

　　鉴于此，治理灰霾污染要采取共同而有差别的政策。对环境空气质量好的地区，主要是规划控制，合理布局相关工业企业，防止过度开发；而对灰霾污染严重的单个城市或城市集群，要以壮士断腕的决心做减法。一方面，要进一步采取措施降低每个污染源的排放强度；另一方面，要下决心关停一些污染重的企业，从而把单位国土面积过重的污染负荷减下来，在承载力范围内组织工业生产。

　　无论是投资降低每个生产单元的排放强度，还是淘汰一批落后产能，都涉及资金、技术和就业安置等一系列经济社会问题，系统性强，绝不是一蹴而就的。在环境污染方面做减法，其目标是非常明确的，但决策及其实施的过程异常艰辛，牵一发而动全身，对面临的困难要有充分估计，并保持足够的耐心。

　　各地源解析结果表明，工业燃烧是重要的大气污染来源，机动车尾气排放、餐饮油烟和农村焚烧秸秆等与公民个人行为相关的污染贡献同样很大。无论是企业污染治理，还是个人为减排努力，都需要进一步提升社会责任感和环境道德。而社会道德水平的提高和个人素质的培养更需要时间，必须久久为功、积小胜为大胜。

绩效考核是加快治霾进程的有效手段。不仅要关注结果，更要调度治理过程，要建立既体现结果，又客观反映环境质量变化幅度的综合考评体系，不单看结果数据，也肯定努力的过程，打消一些地方急功近利的情绪，使他们能树立信心，耐下心来，持续推动污染治理。

如果说科学治霾是做一份难度比较大的试卷，有的地方是85分的基础，稍加努力就能达到90分；有的地方则是50分的底子，需要历届政府不懈努力，按每次10分或15分的节奏提高成绩。这就需要优化考核体系总体设计，真正让抓出成绩的地方政府和环保及相关部门得到褒扬，不断激发其治霾活力，打好大气污染治理的持久战。

提高城镇空气质量考核公正性

潘碧灵 罗岳平 刘妍妍

当前，位于中西部的县级城镇，基建方兴未艾，城区快速扩张，PM_{10} 等粗颗粒污染重；有的中西部县级城镇冬季取暖，散煤燃烧带来较严重的 SO_2 等污染。不难看出，县级城镇的环境空气污染已是普遍现象，存在特征污染物相差大、污染过程阶段性出现等显著特点。

新环保法强调地方各级人民政府应当对本行政区域的环境质量负责，并实行环境保护目标责任制和考核评价制度。随着县级城镇环境空气污染逐渐受到社会关注，构建相关监测网络并发布监测信息应成为地方人民政府的基本职责，并接受上级考核。

笔者认为，县级城镇环境空气质量考核要在监测数据的准确性、计分体系的合理性等方面下足工夫，使考核结果经得起质疑，并与群众的感受相符。

监测指标的确定。

县级城镇的环境空气质量状况存在明显的地区差别。有的扩散条件好、大气污染物排放量小，环境空气质量稳定达标；有的只是一两项指标出现超标现象。据此，有的城镇提出能否只测特征污染物，以减轻建设和运维负担。

笔者认为，AQI 指数是基于 6 项大气监测指标计算获得的。不开展全指标监测，AQI 就失去了计算基础，也就不能进行横向比较和考核排名。因此，只要启动县级城镇环境空气质量考核和排名，都必须开展 6 项指标监测。事实上，对环境空气质量较好的县级城镇，其监测并不是多余，至少有 3 方面应用：反映目前所能达到的最好质量水平，帮助建立指导值；为比较研究提供基础数据和对照，分析大气污染来源；指示良好人居环境，有利于树立群众对环保的信心。

站点数量的确定。

县级城镇的面积、人口、产业规模等相差较大，按照点位布设规范，有的县级城镇建1个空气自动站即可，但多的可能要建三四个，这样就会带来考核公平性的问题。只建1个站点的，倾向于在环境空气质量较好的城区选址；建两个及以上站点的，一方面趋好避劣，另一方面通过取平均值评价，掩盖了部分城区污染严重的事实。

根据对欧美国家、我国香港地区的考察，其大气监测贯彻以人为本的原则，即环境空气质量好的区域少设站点，而在重污染城区以及重点污染企业周边较多布点，其目的在于：监控重点污染企业的排污状况；预报重污染天气，提醒市民加强健康防护，真正做到监测为民。按照短板理论，应该优先监测环境空气最不安全区域。每个人的呼吸都是不可替代的，只有最差空气质量区域都达到合格底线，全城的环境空气质量才是有保证的。基于这种考虑，并综合使考核简洁、低成本等因素，建议每个县级城镇只设置1个考核站点，并布点在商业中心区。

从设区城市的环境空气质量监测数据看，除一氧化碳外，其他指标在点位间的差别很大。有的综合评价结果甚至存在等级差别，即在同一天，有的点位为良，另外的点位却达到轻度污染。大尺度地理范围内以点带面可能会存在偏差，但每个点位也都具备"一叶落而知天下秋"的指示作用。看准一个点位，也基本能判断一个县级城镇环境空气质量的变化趋势。尤其是以底线意识，即以最差人居核心商业区的环境空气质量来考核一个县级城镇，社会各界都能接受。

考核内容的确定。

考核县级城镇的环境空气质量既要城镇间排名，也要比较该城镇的历史数据。城镇间排名，反映该城镇环境空气质量在全省或特定区域内的状况；

同城镇的历史数据进行比较，可显示年度努力产生的改善效应。

　　关于考核基准年的数据质量问题，要充分发挥新环保法的震慑作用，以法治思维打击数据造假行为；要改进考核办法，以技术手段让造假失去意义。笔者建议，同比历史数据，宜取前 3 年平均值，滚动计算。其科学性在于单独年份可能受气候等偶然因素影响，达标率有所波动，3 年平均则有一定的统计意义。此外，有些极端条件下的数据，如城边森林自燃、火山喷发等，属不可控力因素，按程序报告并获得同意后，可以不纳入年度统计。

城市空气质量监测需引入第三方运营

罗岳平　郭　倩　黄钟霆

环保事业的快速发展对环境监测工作提出了更高要求。近几年，环保部门直属环境监测机构的监测任务倍增，基本处于疲于应付的状态。特别是新《环境保护法》实施后，要求进一步规范监测行为，环境监测范围更广，质量要求更高。

基于环境监测工作面临的严峻挑战，环境保护部出台了《关于推进环境监测服务社会化的指导意见》（以下简称《意见》）。《意见》的实施，对指导当前和今后一段时期内开放环境监测市场具有重要意义，有助于形成环保部门直属环境监测系统和社会环境监测机构共同开展环境监测的新格局。

目前，我国城市环境空气自动监测取得长足进展，截至 2014 年年底，在 338 个设区市建成自动站 1 436 个，很多县级城镇也建成了 1 ～ 2 个自动站。这些城市环境空气自动站的建成，回应了群众对周边环境空气质量的关切。

然而，开展城市环境空气质量监测工作面临着巨大压力。在社会各层面的关注下，排名靠后的城市急于摆脱困境，于是便在采样器附近动手脚。此外，环境空气自动监测还面临其他问题，例如，监测设备型号繁多且存在系统误差，监测人员技术水平参差不齐，自动监测质量控制环节不规范等。

新《环境保护法》对篡改、伪造或指示篡改、伪造监测数据的行为提出了明确的法律追责，保证城市环境空气质量监测数据真实、准确是基本要求和底线。笔者认为，采取第三方运营模式，从制度设计上为城市环境空气质量监测工作提供了保障。

首先，将城市环境空气质量自动监测委托给第三方，解决了各级环境监测机构能力建设有限的窘境。地方环境监测机构普遍缺少人员编制和技术骨干，很难抽调专职人员开展城市环境空气质量自动监测。引入第三方运营，在不改变当前监测力量分配格局的情况下，新增任务就会迎刃而解。

其次，厘清了主体责任和监督责任，监测质量更有保证。第三方运营的城市环境空气质量自动监测站属于政府购买服务，第三方公司只要中标，就有义务按合同约定提供优质的监测服务，对空气自动站的稳定、准确、连续运行负主体责任，如有质量事故发生，就会受到相应处罚。环保部门直属环境监测机构要履行监督责任，一方面，审核每天的监测数据；另一方面，开展质控考核，不定期抽查每个大气自动站的运行情况，对运行不到位的，提出整改要求并复查。

第三，引入第三方运营，有利于提高城市环境空气自动监测的专业化水平。第三方监测公司管理机制灵活，成长性好，在短时间内可以形成较强的技术实力。而且，有些运行空气自动站的第三方监测公司本来就有设备生产能力，熟悉仪器性能，运行起点高，专业程度高，工作质量值得信赖。市、县级环境监测机构使用空气自动监测设备需要一个熟悉的过程，通过跟班学习和质控考核，自身工作能力也会加强。

第四，引入第三方运营，有利于化解环保部门直属环境监测机构工作人员的违法风险。委托第三方运营后，环保部门直属环境监测机构和各地人民政府、环保局，共同审视第三方公司的监测成果和质量，改变了过去在行政领导面前被问责的无奈局面。这种角色的转变是环保部门直属环境监测机构摆脱行政干扰的关键。

城市环境空气质量自动监测引入第三方运营后，要做好以下两方面工作：

第一，获得城市环境空气质量自动监测数据后，有关数据的汇总和综合分析、污染规律研究、考核排名和绩效评估等工作，仍需由环保部门直属环境监测机构完成，特别是利用这些数据开展预报工作，环保部门直属环境监测机构责无旁贷。

　　第二，将城市环境空气质量自动监测站委托给第三方运营，必须明确利和责。社会化监测机构要盈利，合理的资金预算是正常履约的基础。同时，要完整界定第三方公司的责任，防止出现真空地带，陷入互相推诿的局面。

积极构建县级空气监测网络

罗岳平　曾　钰　田　耘

　　推进实施县级城镇空气质量监测网络建设，既是提高环境监测公共服务水平、服务民生的迫切需要，也是深入实施大气污染防治计划，完善国家环境空气监测网络的重要措施。

　　2015 年 1 月 1 日起，我国 338 个设区市以上城市全部按照环境空气质量新标准开展监测并发布实时数据，提前一年完成了《大气污染防治行动计划》规定任务。2016 年，新标准全面生效，也就意味着全国 2 000 多个县级城镇需要开展空气监测。但从实际情况看，虽然有不少城镇进行了试点监测，然而由于县级环境监测能力普遍较弱，大部分县级城镇尚无环境空气监测计划。少数城镇的灰霾污染已经引起居民关注，甚至不满。

　　因此，当前亟须加快推进县级城镇环境空气监测网络建设。

　　首先，开展县级城镇环境空气监测网络建设是新型城镇化和全面建成小康社会的基础保障。良好的环境空气质量是一种公共产品，县级城镇人口总量大，影响面广，这些区域的环境空气质量要维持良好状态是巨大挑战。只有通过城镇环境空气质量监测，才能督促县级人民政府树立底线意识，走集约、绿色和低碳的发展道路。全面小康的关键在环境质量，监测并发布环境空气质量又是其中的重点和难点，必须及早谋划并尽快实施。

　　其次，开展县级城镇环境空气质量监测是各种考核工作的前提和基础。新《环保法》明确要求地方人民政府对本行政区域的环境质量负责，今后环保工作的重心也将逐步转向强化对环境质量的考核。其他的考核，如县域生态质量考核和小康社会考核等也都涉及空气质量指标。如果不开展有效的监测，考核就没有了依据和抓手。

第三，开展县级城镇环境空气质量监测是不断完善全国空气质量监测网的客观需要。目前，我国已在设市区以上城市布设 1 436 个监测点位，还建成了 31 个区域站和 15 个背景站。相比之下，镇数量多、人口密度大、分布广，将环境空气监测网络向下延伸，有利于全面反映我国环境空气质量的水平分布状况，以及科学评估区域大气污染联防联治成效。

最后，推进县级城镇环境空气监测网建设是开展省级尺度空气质量预报工作的有效手段。空气质量预报工作要以实时监测数据为基础，高密度的监测网络能更准确地反映局地污染和区域污染传输过程，有利于提高预报准确度。尤其是一些处于传输通道上的县级城镇监测站可作为区域传输监控站，跟踪跨区域、跨省的大气污染传输过程，其作用在重污染天气来临时尤为重要。

推动县级城镇环境空气质量监测网络建设是环境工作深入发展的要求，也是满足群众环境知情权的需要，但目前很多县域经济欠发达，监测技术力量薄弱，实际操作起来仍然存在很多困难，需因地制宜，稳步推进。

一是做好顶层设计。在筹建县级城镇环境空气监测网时，必须充分考虑实际情况和技术力量的差异，提前做好全省的统一规划和布局。整体方案先出台，有条件的设区市先整体推进，积累经验，再带动其他地区实施。整省方案要统一建设标准和建设要求，保证技术同步，使各县的监测结果有可比性。尤其是保证监测点位布设、仪器设备采购、数据联网发布等环节都严格遵循国家相关标准和技术规范要求，为后续日常运行奠定基础。

二是选好安装环境。规模比较大的县城，应按技术规范设置 3～4 个监测点位，一般的县城，最多两个监测点位，普遍只有 1 个。从保护城镇居民身体健康角度考虑，这个监测点位应位于城镇核心区环境空气质量最差的地方。这一方面体现了以人为本的理念，最差的地方都能达标，其他地方肯定是安全的；另一方面，能客观反映政府治理大气污染的努力，因为考核点选择合适，监测绝对值和年际变化值都具有可比性。这些年的建设、运行经验表明，安装环境非常关键。有的地方电压不稳，致使仪器烧坏；有的地方离居民楼近，空调和空压机等噪声扰民；有的建筑物进出不方便等，都会增加后期维护困难。每个县级城镇环境空气自动站建设前都要做简易环评，全方位评估制约因素，不能留下隐患。

三是定好运营模式。空气自动站24h不间断运转，技术要求高，而很多县级监测机构本来就技术力量薄弱，完成基本监测任务都很吃力，再新增一块业务，更加力不从心。根据一些地方的经验总结，县级城镇环境空气自动监测宜采取政府购买服务，委托第三方运营的服务模式。招标采购设备时，可将委托运营3～5年写入合同。这种模式的优势在于真正落实了供货商的售后服务承诺，不是卖了产品就一走了之。此外，供货商如果有产品生产能力，后期运营的专业性和时效性是有保证的。县级环境监测机构也要调整力量，安排两三人，在委托运营期间，通过跟班学习掌握操作技能，为以后自行管理储备技术和人才。

四是用好监测数据。要参照国控站自动数据审核程序，分级把关审查，通过技术设计防止行政干扰。要拓宽信息发布渠道，使城镇居民了解所在地的环境空气质量。污染严重时，用数据说话，鼓励居民自觉采取减排措施。同时，设计科学的考核体系，通过对监测数据的自动抓取、统计分析，按月、季、年的时间跨度，客观排名或评价改善水平，反映治理成效。例如，湖南省湘西土家族苗族自治州是一个经济并不发达的地区，在全州8个县（市）都享受国家生态转移支付后，州政府、州环保局下定决心，要求每个县城都开展PM_{10}、$PM_{2.5}$、SO_2和NO_x4项指标监测，并且每天人工将日监测结果上报州环保局，完成汇总、排名后，与气象预报结果同时向全州播报。一些书记、县长已经养成了观看这一节目的习惯，甚至在手机实时发布数据较高时主动打电话给城管、城建等部门领导，要求采取洒水降尘、控制露天烧烤等措施降低$PM_{2.5}$或PM_{10}。由此可见，良好的考核制度设计有利于激发大气污染治理动力，进一步改善城镇环境空气质量。

空气监测点位增加怎么看?

罗岳平　郭　卉　宋冰冰

优良的环境空气是品质生活的基本保障。面对越来越频繁的霾天气,公众对城市(镇)环境空气质量监测点位设置的争议一直较多,尤其是质疑一些地方点位的确定是选好避劣,在一定程度上掩盖了污染事实。今年,很多城市(镇)提出了增加监测点位的计划,也引发了业界内外的讨论。

《环境空气质量监测点位布设技术规范(试行)》是在一个城市(镇)布设环境空气质量监测点位的基本遵循,要求按照建成区的城市人口或建成区面积来确定最少监测点位数,并对怎么增加、变更点位等进行了约束。总体来看,这一技术规范对环境空气监测点位的管理相当严格,确保了城市(镇)环境空气质量监测工作的连续性和稳定性。笔者认为,在这一技术规范下,只要是科学填补监测空白,对增加监测点位应予以支持。

一是正确执行技术规范的需要。目前技术规范提出的是最少监测点数要求,并没有限制多设监测点位。从理论上讲,监测点位越多,甚至每个小区都设一个点位,越能反映市民呼吸空气的真实状况。就市民而言,能近距离查阅空气质量,心里更踏实,而如果空气质量被数公里以外的点位代表,监测结果与真实感觉可能会相差甚远。因此,点位布设得越多,越接近污染真相。但是,监测是需要成本的,如果财力不能承受,那就只能有限布点,尽可能在建成区内均匀分布且保证每个点位在覆盖区域有较好的代表性。如果目前所设点位的代表区域太大,适当增加点位进行加密监测在理论上是可行的。

二是纠正历史偏差的需要。霾天气没有大规模爆发前，很多城市（镇）通常不够重视环境空气质量监测，市民也对此不太了解，何况还要花费大笔资金，这导致一些城市（镇）按最低要求布点后，长年不进行动态管理，使环境空气质量监测工作落后于城市发展。笔者就曾遇到这样的案例：A、B 两座城市，A 城的建成区面积、人口数量和工业产值等都比 B 城大，但 A 城只布设了 4 个点位，B 城却有 7 个。如果要比较两座城市的环境空气质量，基数的差异就会引起争议。此外，A 城的 4 个历史监测点位基本上集中在老城区，面积更大的新区则存在监测空白，这样就使污染评价结果偏重。类似情况在全国有不少，有必要适当增加点位，予以纠偏。

三是提高信息公开水平的需要。城市（镇）的环境空气质量监测数据基本上是实时发布，是信息公开比较充分的领域。理论上，对每座城市（镇），都要对应地有最佳监测方案。只有按这个方案进行全面监测，总体评价结论才是客观、准确的。而如果只是从理论点位中选定部分实际点位开展监测，则存在以偏概全的风险，向市民传递的可能是不真实的环境信息。

全面监测与定点考核是应区分的两个概念。每座城市（镇）每天都处于一种洁净或污染状况，需要全面布点监测，如实将结果公布于众。由于动态调整的原因，有些点位没有历史连续性，从所有监测点位中选择部分长期监测点位进行考核是合理的。新增监测点位可以使评价更全面、客观，更准确地反映出真实污染现状。而考核点位则主要反映指标改善程度，反映治理成效。两者是互为补充、不可替代的。因此，适当增加监测点位，实现整体覆盖的全面监测有助于客观评价一个城市（镇）的环境空气质量现状。并且，可以从中选择部分长期监测点位以考核治理成效。

在当前考核模式下，布设的城市（镇）环境空气质量监测点位主要监视环境空气对人体健康造成的影响。实际上，环境空气监测还应包括区域传输、污染源影响、趋势科研等多种类型。因此，在做顶层设计时应合理分类，分别布设相应点位，不能全部服务于考核而停止其他相关监测，给未来留下遗憾。

此外，城市（镇）环境空气质量监测结果是否具有公信力，是以监测方案科学为前提的。为此，应对监测点位进行动态管理，做到一城一策。还要将监测高度纳入调整范围。城市（镇）都在长高，如果以保护人体健康为优先目标，那么监测高度也要相应增加，特别是在高层住宅区，其监测高度要与周围环境相适应。

下好空气质量预报这盘棋

罗岳平　曾　钰　田　耘

　　为积极落实《大气污染防治行动计划》，更好地服务公众，近年来，各省(市)纷纷开设城市环境空气质量预报业务，并将预报信息公开发布。

　　湖南省自2013年开始设立长株潭城市环境空气质量预报试点，从自动监测人员兼职预报，到现有专职预报人员4名，并与湖南省气象台成立联合预报小组，每日预报会商，共同发布预报信息。2015年6月5日，湖南省环境监测中心站联合湖南省气象台公开发布湖南省14个城市环境空气质量预报，预报内容在每日湖南卫视与天气预报同步播出，取得良好的社会反响。

　　作为一项全新的业务，当前不少省份预报业务刚刚起步，有些还处于筹划阶段。省级范围的预报业务如何统筹开展，需要进一步的思考与探索。

　　首先，规划路线。

　　在城市环境空气质量预报业务开展前，首先要对技术路线和总体方案进行整体规划，明确目标、阶段任务以及实施主体，保证工作稳步推进。城市环境空气质量预报要以各个城市站为预报主体，省级站应以整体规划、协调和调度以及区域指导为主。其工作内容主要为：建设体系与提供服务，包括预报平台建设、预报流程和会商模式规范、技术指导、预报培训与交流、评估和考核、产品下发以及与总站对接等。在此基础上提出具体时间建设进度安排表，然后稳步推进，与其他先进省份和直辖市交流沟通。

　　市级站作为预报主体，则应以配合、落实和提高为主。一方面，要修炼内功，提高预报能力。不仅需要强化预报手段，以集合模式预报为支撑，细化本地源清单，不断优化预报模型。同时更需要多培养预报人才，以走出去、引进来为宗旨，在与其他城市交流同时还可与当地气象台开展技术研讨会，共同开展科学研究。另一方面，要积极配合省级站工作，为政府节能减排措施与重污染应急预案提供科学支撑。以省级站规划为指导，将本城市预报工作做细、做强、做出特色。

湖南省预报体系建设思路为"配强省级，部分扶持长株潭区域，逐步扶持其他市州"。在建设期间，一方面，借鉴其他省份的经验，切合实际地开展建设；另一方面，不断做好统筹规划，科学确定建设重点和方向，分层次、分步骤地开展建设，稳步推进。下一步形成全省范围的短中期区域形势预报能力，下发指导产品，开展人员培训，制定各市（州）预报流程、规范和考核体系，指导各市（州）开展属地的城市空气质量预报。

其次，严格考核。

考核不是业务工作开展的目的，但需要以考核为抓手，推进预报工作深入开展。目前，不少省份已经开展城市环境空气质量预报，并将预报结果公开发布。然而，各省（市）预报内容不同，预报范围有差异。现阶段，全国尚无统一的标准与评价考核体系，这需要省级站对本省份城市预报的形式和内容进行规范化，统一预报模式，探索建设适合本省情况的考核体系。

建议城市环境空气质量预报开展起始阶段以跨等级预报为主，考核预报等级准确率；业务相对成熟的省份可以深化为单等级预报，考核命中率；最后可推进为预报 AQI 范围、等级与首要污染物，分类别考核。预报时段建议先从日预报再逐步精细为分时段预报，考核要求也可随预报能力的提升动态调整。湖南省站已经具备了大气数值预报和统计、潜势预报相结合的集合预报能力，预报范围正从长株潭地区逐步扩展到全省。目前，湖南省站已向省质监局申报湖南省环境空气质量预测预报规范地方标准，包括流程与考核规范正在编制当中，届时 14 个市（州）预报业务将会统一规范，予以考核。

第三，部门协作。

城市环境空气质量预报是公益性事业，环保需要加强与气象部门的合作，这符合双方的职能定位和共同利益。在业务上来说，预报业务是一场接力赛，气象跑好第一棒，说清天气形势变化趋势；环保跑好后一棒，结合大气污染源清单，研判未来污染程度。只有做好两部门的协作，才能真正做好做精预报。

自2013年湖南省环保厅与省气象局签订了重污染天气预警预报合作协议以来，本着坦诚合作、资源共享的总原则，双方合作良好。目前，在省级层面，已逐步形成了一支由省站4名空气质量预报员和省气象台4名气象预报员组成的优势互补、创新预报业务团队。每日联合会商，共同推出长株潭地区环境空气质量预报产品。在出现重污染过程时，除双方会商外，还增设成因分析、未来趋势研判和重污染材料共同编制与信息发布等流程。省站与省气象台还会定期开展业务交流，包括业务员交叉培训、业务数据共享、召开省（市）环保气象技术研讨会等，随着业务的深入发展，环保和气象两部门合作也不断深入。

长株潭空气质量预警预报尤为紧迫

彭庆庆　罗岳平　甘　杰

当前，长株潭城市群大气污染形势严峻，急需加强大气污染防治工作。

长株潭城市群位于湖南省中东部，包括长沙、株洲、湘潭 3 市，是湖南省经济发展的核心，占全省近 60% 的 GDP。3 市沿湘江呈"品"字形分布，两两相距不足 40km，地理结构紧凑。但是，由于 3 市同位于罗霄山脉与雪峰山脉之间的湘江谷地，为气流交汇地区，不利于大气污染物远距离流动，易形成 3 市大气污染的相互迭加。加之城市群内火电、钢铁、有色冶炼、水泥等重点行业排放大量废气，机动车保有量快速增长，大气污染问题日益突出，呈现出明显的区域性污染特征。2015 年上半年以来，3 市首要污染物以 $PM_{2.5}$ 为主，并出现了灰霾天数持续 10 日以上的现象。

国务院办公厅于 2010 年 5 月转发了环境保护部等九部委《关于推进大气污染联防联控工作改善区域空气质量指导意见的通知》，明确要求长株潭城市群尽快解决区域大气污染问题，并将其纳入国家"三区十群"联防联控重点区域。国务院 2013 年 9 月 10 日又出台了《大气污染防治行动计划》。据此，长株潭 3 市必须采取联防联控措施，加大污染防治力度，改善区域空气质量，提升区域可持续发展能力和群众满意度。

鉴于长株潭城市群大气污染形势严峻，当前，有必要尽快开展针对这一区域的空气重污染预警预报研究。通过建立区域环境空气质量预报预警与大气环境监管平台，可将大气污染源监管、城市环境空气质量监测、模型模拟分析、政策经济技术等空气质量管理各因素作为一个整体来考虑，从而科学规划大气污染防治。

笔者建议，应具体做好以下工作：

统一规划，搭建平台是首要工作。目前，长株潭3市的所有环境空气自动监测站点已按新标准进行了监测和联网实时发布，具备了预警预报的基础。计划用一年左右的时间，由省财政投入资金，省环保厅牵头，省气象局等相关单位技术配合，引进业务平台和模型合作开发机构，搭建预警预报平台。在预警预报平台搭建过程中，环保系统的有关技术人员要参与系统研发的全过程，并掌握核心技术。

完善大气排放源清单是基本前提。大气排放源清单是实现预警预报的前提条件。只有获得了真实、准确的污染源数据，才有可能开展高水平的空气质量预警预报工作。完整的大气排放源清单包括点源排放清单、线源排放清单、面源排放清单和天然源排放清单。通过综合运用在线监测法、手工监测法、排污系数法、物料衡算法、模型法和模型反演法等方法计算大气污染物排放量，并建立源清单动态更新制度。

培养专业人才队伍是关键因素。大气预警预报工作的专业性较强，需要工作人员具有较丰富的经验和过硬的专业素养，只有这样才能确保预报的准确性。例如，需要对城市观象台进行探空数据和地面气象数据的综合分析、比较、取舍，同时运用多种模型进行预测等。这就要求组建一支能力较强的专业预报员队伍。启动预警预报工作，要先制定人才培养计划，有针对性地引进高层次人才。预警预报技术团队的专业应多样化，涵盖环境科学、气象学、大气物理学等多个学科。

持续稳定的经费投入是必备条件。开展空气质量预警预报工作，以及配套建设大气超级站等，需要有充足的人力、物力、财力保障，特别是系统的维护、更新、升级等经费需要持续投入。因此，在启动预警预报系统之初，就要编制好预算，每年由财政列支专项经费。目前，有的省份用于预警预报体系建设的科研和系统建设费用已高达上亿元。

　　建立部门联动机制是成功经验。城市空气质量预警预报工作是一项复杂的系统工程，无论是在系统的建立，还是在运维过程中，单靠环保部门一家是不可能做好的，需要依靠和借助各部门、各机构的优势资源，建立联动机制，统一协调，共同实现。同时，应保持环保部门在工作中的主体、主动地位。

　　一要明确省市两级开展空气质量预警预报的工作分工。建设预警预报系统时，应由省里牵头搭建平台，各市配合建立源清单。系统建成后，省里将预警预报结果发给各市，由各市分别培养自己的预报员，独立开展预警预报工作，从而，可以构建省市两级同时开展、资源共享的格局。

　　二要注重与气象部门的合作。按照"优势互补、平等互利、资源共享、共同发展"的原则，统筹环境空气质量监测系统布局，在原有环境、气象监测点基础上，共建大气成分和气象要素观测站。逐步建立环保气象一体化业务平台及信息发布系统。建立健全特殊灾害天气条件下主要环境空气污染事件（如灰霾、秸秆燃烧）的会商联动制度，联合发布空气污染预警预报。

　　三要强化重污染条件下大气污染防治政策措施的部门合作机制。组建应急机构，明确各自职责。制定重污染日应急方案时，需将各相关部门纳入，强调要各司其责。如启动重污染日应急响应后，教育部门要严格落实极重污染区域中小学停止户外锻炼活动等措施；经信部门要要求建材、化工等工业企业停产、降低生产负荷，以落实减排任务；住建部门要督促施工单位落实各项扬尘控制措施；市政环卫部门加大道路清扫保洁频次；卫生部门向市民发布健康提醒信息；交管部门及时发出极重污染日部分公车停驶指令并监督执行；城管执法部门重点加大施工降尘、道路遗撒及露天烧烤、露天焚烧等违法行为的专项整治力度；环保部门则要会同监察部门和政府督查室，共同对重点单位强制性减排情况进行督查和核查。

城市空气质量预报需多轮驱动

罗岳平　曾　钰　刘妍妍

当前，我国大气污染形势严峻，大范围的灰霾天气频繁出现，准确地预报预警和预测城市空气质量变化趋势，既是群众正常生活的需要，更是全面降霾的技术支撑。只有多轮驱动，综合分析，才能做好城市环境空气质量预报工作。

首先，空气质量预报预警需以完善的监测体系为基。

应动态调整监测点位。我国城市面貌仍处于变化期，大拆大建的现象比较普遍。一方面，要尽可能保留历史点位，便于跟踪分析城市环境空气质量的变化趋势；另一方面，城市的扩建与发展要适应局部环境的变化，相应调整监测高度等条件，保证监测结果的代表性。

应提高大气自动监测设备的运行质量。大气自动监测站的选点，其建设是一次性的，运行维护则是长期的。总体来看，大气自动监测设备性能还有较大的提升空间，如果不精心运行维护，就会产生较大的测量偏差。特别是在很多城市，大气自动监测工作启动快，但人员力量储备不足，驾驭不了这些精密仪器。若设备运行不稳定，人员素质不高，监测结果的准确性就无法保证。对此，必须加强培训，配备专业的人员队伍，尽快形成判断、诊断和维护能力。

其次，空气质量预报预警需以专业预报平台和成熟队伍为梁。

要建立预报预警平台，包括监测数据共享与综合观测应用、排放清单管理、预警预报、区域预报信息服务等系统。在一些发达地区，预报预警平台已经建成并运行，但大部分省级平台还在等待建设，实际平台建设更是处于起步阶段。鉴于气象预报的情况，城市环境空气质量预报预警至少要覆盖省、市两级工作网络，尽快开展标准化建设研究，提出软、硬件配置要求，确保上下兼容，避免投资失误或浪费。

要培养优秀的预报预警人员。软件预报结果是粗略的、方向性的，需要预报预警人员结合实践经验，并使用辅助信息进行修正、集成。因此，预报预警人员不仅要熟悉各种软件的使用，善于通过网络收集辅助信息，更要有协同创新、综合分析的能力。与国外相比，我国的预报预警基础较为薄弱，尤其表现在源清单不完善方面，准确开展预报预警的难度较大。在这种情况下，人员素质至关重要。因此，要培养人员的钻研精神和奉献意识，树立完整的流程概念，规范预报预警操作。

第三，空气质量预报预警需以部门协作为翼。

大气环境复杂多变，大气污染物排放与扩散同当地地形、地貌及气象等条件密切相关，有效整合环保、气象、国土等部门及科研单位的信息资源，建立健全部门信息共享、情况报告、专业会商等制度，有利于提高城市环境空气质量预报预警能力。

从气候角度看，全球气候变化使中纬度气旋减弱或北移，由此引起天气系统停滞或阻塞现象多发，风速减小、热带气旋频数降低等都可能引起区域或局地大气污染的加剧。气候变化可以通过改变地面气温，加速某些大气污染成分前体物的自然源排放，甚至可以通过改变大气环流形势，改变污染物的传输方式。短期的天气变化对城市环境空气质量的影响更为直接，一场强风、大雨或者降雪都能显著提高城市环境空气质量。

鉴于气象条件对城市环境空气质量的影响，必须加快建立气象—环保大气污染联合会商平台，环保与气象作为城市空气质量预报预警工作的两翼，尽可能为市民提供准确的预报预警结果，方便市民的生产生活活动。应做好顶层设计，明确分工、监测结果发布等事项，加强部门之间信息和资料的交流共享，彼此开放数据库，针对每天的预报结果定时会商。

第四，城市环境空气质量预报预警要注意区域协作。

大气的流动性比较强，污染物扩散速度快，局部排放有可能发展成区域污染事件。在有风的天气里，下风向城市因上风向排放城市污染物跨境输入而出现灰霾天气，这样就将外围源清单延伸到周边城市。因此，参考上下游城市的预报预警结果很有必要，尤其是在发生大范围灰霾天气的情况下，区域协作大有裨益。

第五，城市环境空气质量预报预警要善于把握规律性。

短期的城市环境空气质量变化是杂乱无章的，但放大时间跨度，其变化又具有明显的规律性。例如，夏秋季节每4～8天为一个变化周期，而冬春季节每3～7天为一个变化周期。在周期内，城市环境空气质量逐渐恶化，随着风雨等气象条件的出现，空气质量又恢复到较好水平，然后再开始下一个周期。把握了规律性，就为评价单次预报预警结果提供了依据。

环保与气象联合预报应注意什么？

罗岳平　田　耘　刘妍妍

《大气污染防治行动计划》明确要求环保部门加强与气象部门的合作，建立重污染天气监测预警体系。为此，大部分省（市、自治区）以及部分设区市的环保和气象部门已签订合作协议，联合开展城市环境空气质量预报工作。这项全新的业务在各地陆续起航后，都面临着没有现成路径可循，需要积累管理经验和技术经验的挑战。

湖南省环境监测中心站从 2014 年年初着手开展长株潭 3 市城市环境空气质量预报。首先是指导 3 市监测站构建监测网络，共布设 24 个监测点位。此后，针对气象预报知识缺乏、招标采购数值预报模型等问题广泛调研，特别是与湖南省气象台密切合作，互派人员跟班学习，联合预报工作开展比较顺利。据统计，2014 年全年长株潭区域空气质量等级预报准确率为 61%。2015 年环境日，考虑到预报技术基本成熟，两家一致同意通过湖南卫视联合发布 14 个市（州）的城市环境空气质量信息，使部门合作产生了实际成效。

通过实践探索，笔者认为，环保、气象两个部门的合作中，主要是进行实质性技术融合。如果配合好了，就有可能为服务民生交出一份满意的答卷。

一是统一认识，坦诚合作。城市环境空气质量预报是一项典型的公益事业，就是通过准确的预报为市民健康生活提供选择信息。基于这种考虑，环保和气象两部门的努力方向和奋斗目标是一致的。坦诚合作、资源共享是双方应遵循的总原则。城市环境空气质量监测数据和气象观测数据都是公共资源，在国外也是面向社会发布的。要敢于打破这两类数据目前囿于部门内部循环的藩篱，相互结合起来，发挥倍增效能，实现一加一大于二的双赢。

近年来各地环保、气象部门分别加强了能力建设，特别是有些城市的环保部门建设了大气超级监测站，具备一定的气象条件和边界层大气物理行为观测能力，而气象部门在部分城区也形成了大气质量监测和成分分析能力。要实现国控资源有效整合，必须加强数据的对接和共享使用，将有限的投资应用于两部门都没有的空白领域，不搞低水平竞争。对此，相关管理部门应从宏观上予以把握。

二是发挥各自优势，分合有序。污染物排放是城市环境空气质量恶化的根本原因，环保部门掌握了比较全面的大气污染物排放源清单。气象条件是导致城市环境空气污染的直接原因，并影响气态污染物的区域间输送，气象部门在这方面的判断最专业、权威。尤其是气象部门经过几十年的发展，形成了一套完整的预报工作流程、会商制度以及预报产品推送制度。以其为载体，镶嵌城市环境空气质量预报结果，平台内容会更丰富、成本更低。可以说，城市环境空气质量预报是一场接力赛，气象部门先跑第一棒，说清天气形势变化趋势；环保部门接着跑第二棒，根据气象条件，结合大气排放源状况，研判未来的大气污染程度。在城市环境空气质量预报过程中，环保和气象两部门各有优势，互为补充，只要对接顺畅、密切会商，预报质量是有保障的。

三是扩大发布渠道，提高社会影响力。通过政府官网、电视等形式发布的空气质量预报信息，已引起社会上的高度关注，反响良好。新形势下，要进一步借助互联网和新媒体，如微信、微博、户外移动电视等媒介扩大发布渠道，方便市民获取。此外，应从两方面发力，继续提高城市环境空气质量预报工作的影响力。一是加强对秋冬季节大气重污染过程的预报研判。秋冬季节，大气污染严重，气象条件多变，既是体现空气质量预报工作价值的重点时段，也是准确预报的难点时段，集中检验预报水平。要在这个时段主动作为，特别是辅助政府部门启动预警措施，科学应对重污染天气。在紧要关头，既能体现工作水平，也最能发挥技术的支撑作用。因此，要在实干中获得更多的政策倾斜。二是两部门联合开展研究，凝练预报成果，共同编制大气污染和气象形势综合分析材料，深入分析区域内的天气形势和大气污染特征，定期报送有深度、有份量的决策参考报告，为各级政府开展大气污染减排和制订空气质量达标规划提供依据。这既是对预报常规工作的升华，也有助于提高预报工作的地位。

四是积极争取经费，开展多种形式的交流。空气质量预报是地方人民政府的职责和事权，同级财政应安排相应的工作经费，尤其是在项目建设前期硬件和软件开发投资较大，应积极争取将相关经费纳入财政常规预算，予以足额保障。

从业务开展角度来看，环保部门侧重于污染预报，气象部门侧重于霾预报，两者在标准体系和方法、手段等方面还存在一些差异和分歧，甚至技术空白，典型的如雾霾的定义、雾霾的观测方法等。为此，一是需要在国家层面开展科学研究，通过制订标准和技术规范消除分歧，统一工作尺度。二是在日常预报工作中，应通过预报人员技术沙龙、定期会商和回顾性评估等形式，在环保与气象基础监测、精细化气象条件初始场和当地排放源清单整合、典型重污染天气过程案例总结等方面进行深度交流，以提高空气质量预报的准确率和科学性。

大气监测超级站建设不能一哄而上

郭 卉 田 耘 罗岳平

近年来，随着我国以城市环境空气质量监测站、区域空气质量监测站和背景值监测站为主体的大气环境监测网络不断完善，很多省（市、区）开始着手建设大气监测超级站，以期为科学问诊灰霾成因、实现城市环境空气质量精细化预报提供技术支撑。

大气监测超级站是安装有众多大气监测设备的综合性监测站点。20 世纪 70 年代以来，美国、欧洲和我国台湾、香港地区陆续建成了一批大气监测超级站。2012 年，大陆首个大气监测超级站——广东鹤山站正式运行。随后，北京、上海、重庆、江苏、湖北等十余个省（市）环保部门以及部分科研机构也开始建设大气监测超级站并相继投入使用。

这些大气监测超级站的功能定位一般分为科学研究型和功能加强型两种。科学研究型的大气监测超级站以多污染物监测为主要手段，通过理化、光学、气象、卫星等多种监测仪器和手段，综合分析常规和非常规污染物、二次污染物及前驱物的浓度和变化趋势，对城市或区域复合污染开展深入研究，分析大气污染成因和机理，从而服务于大气科学研究，如中科院遥感所和中国环科院建设的超级站。功能加强型大气超级站一般在城市或区域站 SO_2、NO_2、CO、O_3、$PM_{2.5}$、PM_{10} 常规 6 参数监测的基础上，根据本地环境管理需要，结合当地的地形地貌、气象条件、污染源类型等条件，新增对城市或省级区域传输特征监测和重点特征污染物的监测，尤其是加强对光化学污染指标的监测，如上海、湖北等地建设的部分大气超级站。当然，这两种类型的大气超级站的划分并不是绝对的，功能加强型大气超级站可以承担科研任务，科学研究型大气超级站的监测数据也可用于灰霾预报。

大气监测超级站投入较大，相当于一个独立的实验室。因此，每建一个大气监测超级站都要慎重决策，确保建成后能发挥预期作用。

大气监测超级站的选址要科学。对此，要有全局意识，加强顶层设计，在全国范围内合理布点，不能放任谁有钱谁就建的现象。否则，3～5年后，建成站点杂乱分布，既不能解决当地问题，又不能从整体上反映大气监测规律，造成投资浪费。可委托权威单位做国家层面的建设布点方案，一经发布后，有条件的省份可在指定地点开始建设。

大气监测超级站的建设应具有前瞻性。站房所在地单位应能提供足够大的空间，面积一般不少于150m²。站房可采取通透式建筑风格，用玻璃隔断，既有利于观察，也便于室内温度控制，实现节能降耗。在设备安装方面，应遵循同类、相似原则，即原理相同、功能相近的仪器安装在同一个工作间，但要防止交叉污染。屋顶钻孔较多，漏水是常见的故障。为此，要提前规划好设备布局，预留孔位，便于以后加装。另外，高效利用房顶空间，设置源解析大气采样点位及手工比对监测场所。

一个功能完整的大气监测超级站包括气象条件观测，气态污染物监测，气溶胶物理、光学性质和化学组分监测，以及遥感观测等几个模块，配置较为复杂，宜坚持分期建设的原则。前期建设应根据功能定位和当前工作重点优先选配基础性的仪器设备，适度超前但不好高骛远。否则，大量设备安装到位后，很可能会因人手不够无暇维护而出现故障不断的现象。然后，再按仪器设备能力建设与技术力量相匹配的原则，先易后难，确保每引进一台仪器就能熟练使用一台仪器，使其发挥出最大效益。大跃进式的建设必然会带来运行维护跟不上或大量监测数据不能转化成实际监测成果，既造成资源的浪费，又使建设单位背上沉重的工作包袱。

大气监测超级站不是万能的，并不是建成一个大气监测超级站就能监测和解决一个城市或区域的空气污染的所有机理研究问题。大气监测超级站本质上只是多测了一些环境空气质量指标和气象参数。这就如同人的体检，一般的大气自动站只监测了重点指标，而超级站开展的是全指标监测，然而，出现问题的往往是重点指标，即使增加了很多其他指标，也不一定就能发现更多问题。此外，从超级站获得的数据只能做单点推论，很难再找邻近的其他超级站来验证。因此，单个大气超级站只能发挥有限的作用，只有形成联盟，而且布点科学，能够互为验证，那么其功能可以扩展。但目前，地方投资建设的大气监测超级站一般没有考虑与其他邻近超级站的衔接，单一大气监测超级站面临产出不多、后续维护难等挑战。

大气监测超级站涉及气象环境、化学和遥感等多学科，需要一支高素质的专业技术队伍来开展日常维护和对监测数据进行综合分析。目前，环保系统的大气监测超级站多由环境监测机构来承建、运维。很多监测机构在对日常监测任务都难以应付的情况下，安排不出更多的力量来专业运维大气超级站。

鉴于此，只能探索第三方运维模式。有两种形式可供选择：一是全部委托给第三方，环境监测机构只负责质量考核，并集中精力综合分析监测数据；二是部分委托给第三方，环境监测机构承担有能力运行的设备维护，其余的可直接购买服务。但无论哪种形式，环境监测机构都必须全面介入，不能完全受制于人。

大气超级站是重要的监测手段，但也有其不能承受之重，必须科学定位、理性建设，尤其是要摒弃急功近利思想，不能认为建成大气超级站就万事大吉，所有环境空气质量监测难题都会迎刃而解。大气超级站建设要投入，后期维护消耗更大，对此要有充分估计，最好是全国一盘棋，来构建相对独立、完整的大气监测超级站网络。

深入认识臭氧污染问题

罗岳平　刘妍妍　黄河仙　戴春皓

常规监测的 6 项环境空气质量指标中，$PM_{2.5}$ 和臭氧是超标频率最高的首要污染物。每年的 11 月份至次年的 4 月份，易多发 $PM_{2.5}$ 超标现象，臭氧超标则集中在每年的 6 ～ 10 月份，其发生的国土面积甚至超过 $PM_{2.5}$。臭氧在高温季节大范围反复发生污染，究竟是以自然过程为主，还是人类活动导致的环境危害？值得深入研究，这样既揭示了臭氧污染真相，也能够正确指导制订防治策略，避免工作失误。

一、臭氧污染的基本特征。

自 2014 年在全国范围内大规模开展臭氧监测以来，各城市获得了丰富的基础数据。根据各方面的报道，这些城市表现出来的臭氧污染特征高度一致，臭氧浓度变化趋势基本吻合。以长沙市为例，臭氧浓度的日变化规律为凌晨浓度较低，随着时间推移和辐射强度增加，臭氧浓度逐渐升高，最早在上午10 点后即发生臭氧污染，但一般是中午 12:30 至下午 5:30 时段的臭氧污染较重，夜间也有可能出现短时臭氧污染。夏季典型日的臭氧浓度变化曲线详见图 1。

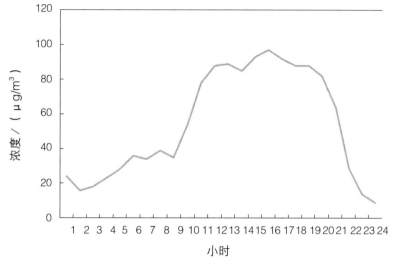

图1　长沙市某混合站点在2016年7月22日的臭氧日变化趋势

从季度性变化规律来看，夏秋季节的臭氧污染明显强于冬春季节。2013—2015年长沙市的监测结果表明，臭氧污染的季节性变化规律非常稳定，只是每年的臭氧污染绝对浓度值有波动，特别是在污染物减排取得明显成效的情况下，臭氧污染反而更加严重了（图2）。类似情况也发生在其他城市。

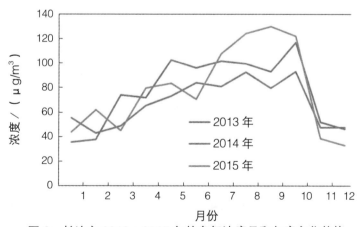

图2　长沙市2013—2015年的臭氧浓度月和年度变化趋势

总体来看，天气条件对臭氧污染的形成起重要的决定作用。晴天，臭氧污染最重，多云天气次之，而阴雨天的臭氧污染最轻。相对温度、风向和风速等气象因素也影响臭氧污染水平，相对湿度小、风速较小时易发生臭氧污染。

在夏秋季节，臭氧污染是全国范围的，而且光照条件越好的监测点位，臭氧污染越严重。即使是在南岳背景站，也能观察到臭氧在午后明显升高的现象，其浓度的日变化趋势与城区基本相同。

二、继续完善臭氧监测技术。

目前，臭氧监测基本采用进口设备，只要按规范操作，监测数据的可靠性是有保证的。但在实际工作中，有两点是要持续改进的。其一，应加强对臭氧监测设备的日常运行维护。原则上，每周要做零跨检查；由于滤膜上积累的颗粒物会造成监测结果偏低，应及时更换防尘膜；每月，应检查气路流量，清洁过滤网；每个季度，要进行多点检查和清洗采样总管。此外，要注意保持站房温度，避免产生冷凝水使臭氧分解而浓度下降。

其二，加强臭氧监测设备的量值传递工作，每半年必须开展一次。建立臭氧监测的量值溯源传递体系，为臭氧监测提供可靠的校准技术支持，对保证臭氧监测数据的准确性、可比性和可靠性是非常必要的。臭氧由于其自身的不稳定性，其量值传递方法与其他常规气态污染物不同，需要由臭氧发生器和分析仪共同构成各级传递标准进行逐级的量级传递。USEPA 每年对各个区域中心的一级标准进行比对，通过一级标准校准二级传递标准。依次类推，三级或四级传递标准通过与上级传递标准进行校准来确立其与一级标准之间的定量关系。目前，我国部分省份及设区市都已经建立了臭氧标准传递实验室，完成了国控点的二级到三级传递标准的校准，但县一级的臭氧传递还未规范，应予以高度重视，由设区市负责对县级进行量值传递，从而构建覆盖完整的臭氧量值传递体系。

三、持续修订臭氧污染评价体系。

新的环境空气质量标准规定臭氧的二级日最大 8h 平均浓度限值为 160μg/m³，1h 平均浓度限值为 200μg/m³，相对于 1996 年 160μg/m³ 的 1h 平均浓度限值，实际是有所放松的。按 AQI 计算规则，臭氧 1h 浓度值不用于计算每天的 AQI 指数，仅用来反映小时健康影响程度，提示直接接触臭氧污染的人群应采取防护措施，而日均 AQI 指数计算采用臭氧 8h 滑动平均值。

建立科学的臭氧污染评价体系是个复杂的问题。如果取 24h 平均值评价，有可能掩盖了污染事实；按 1h 均值作超标评价，结果肯定过于严厉；目前采用 8h 均值评价，基本集中在上午 10 点至下午 6 点时段，仍有评价结果偏严之嫌。臭氧的健康危害是与人体的接触时间、剂量和摄入途径等密切相关的，一般来讲，室内空气很少臭氧超标，即使是高温天气的午后，环境空气中的臭氧污染很重，飘进室内后也被还原消耗，不会导致室内的臭氧污染。而在室外臭氧污染高峰时段，即高温天气的下午 1～4 点左右，也正是人群活动较少时段，无意中避免了臭氧污染对人体造成的伤害。

综上所述，分析臭氧的健康威胁必须综合考虑人体的耐受能力、市民室内室外活动规律和臭氧浓度在室内室外的差异性分布等因素。人体暴露于臭氧危害的特点决定了确定臭氧污染评价标准的难度，相关基础研究必须跟进，既不能因为有污染治理压力而降低评价标准，使市民健康失去保障，也不能在缺乏依据的条件下任意收严标准，人为制造污染假象，带来不良社会影响。

由于 $PM_{2.5}$ 的基数比较高，新环境空气质量标准设定了年均 $35\mu g/m^3$ 的上限浓度，其与国外先进水平相比，差别比较大，但臭氧标准直接与欧美接轨了，没有考虑过渡阶段，这也是目前在高温季节臭氧超标天数较多的原因之一。

四、臭氧污染机理分析。

对臭氧污染的形成存在较大争议。有的学者认为，挥发性有机物（VOC_S）和氮氧化物（NO_x）是生成臭氧的重要前驱物，是 VOC_S 和 NO_x 污染诱发了臭氧污染。但也有研究表明，臭氧的化学反应活性强，一旦 VOC_S 和 NO_x 进入臭氧高浓度区，以反应消耗臭氧为主，因此，在 VOC_S 和 NO_x 释放量大的区域，臭氧浓度反而低，表现在区域规模上，城市的上下风向处的臭氧浓度较高，而城区上空的臭氧浓度是最低的。保护臭氧层国际公约也规定，要逐步淘汰氟里昂等有机物的生产和使用，主要是防止其发生泄漏后消耗臭氧，形成臭氧空洞。

VOCs 种类繁多，有的有机物通过光化学反应生成臭氧，也有的有机物发生光化学反应需要消耗臭氧。在光照、温度和湿度等条件都适宜的情况下，究竟是以生成臭氧为主，还是消耗臭氧的反应占优势，就要分析污染区域内环境空气中的臭氧浓度是上升还是下降了。从长株潭城市群来看，三市品字接壤，市中心相距不过 40km，统计分析表明，长沙市的臭氧污染相比其他两市是最轻的，而其 VOCs 的排放量和汽车保有量等无疑是最高的。如果把某个城市或区域的上空看作是一个黑箱，里面发生了很多复杂的化学反应，微观过程纷繁多样，但最后的输出结果是臭氧浓度下降了，那么从宏观上分析，并不是 VOCs 等的排放加重了臭氧污染，反倒是消耗臭氧而减轻了污染危害。

意大利等国的研究否认了 VOCs 排放对臭氧污染的贡献。在这些国家，VOCs 和 NO_x 的排放已降至最低水平，但在高温天气午后的臭氧污染依然非常严重。国内的云南、贵州、青海等省份，尤其是大量的县级城镇，其 VOCs 和 NO_x 排放水平是很低的，但表现出与沿海发达地区相同的臭氧污染规律，表明臭氧背景值污染不容忽视。

一般认为臭氧污染是光化学控制过程。目前，对 VOCs 的监测不系统，但其种类和浓度毫无疑问存在较大的地区差别，对臭氧污染的影响方式是不一样的。NO_x 的监测数据完整，但其日变化趋势与臭氧污染特征明显不同步。NO_x 早晚两个高峰浓度出现时，并不对应于臭氧污染严重时段。冬季 NO_x 的浓度比夏季高得多，也未诱发严重的臭氧污染。由此可见，在城市上空的大气黑箱中，反应生成臭氧并不是受 NO_x 的浓度限制，而是缺少光化学条件。

臭氧具有强氧化性而极不稳定，长距离传输的可能性不大，中途会因卷扫效应而消耗殆尽。因此，VOCs 和 NO_x 排放引起的臭氧污染应是区域性质的，对这种地方病，受害城市应深入开展机理研究，既要从微观着手，研究每种排放 VOC 的光化学反应，探讨其生成或消耗臭氧的特性，也要重视宏观分析，观察综合效果，从而指导防治方向。

五、臭氧污染防治策略。

环境空气中的臭氧污染既源自高背景，也来源于人类工农业生产生活的贡献。当务之急是通过监测等手段区分两类来源的贡献比例，从而分析可能采取的治理措施能获得的最大改善效益。

一般认为臭氧污染是二次生成，尤其要与 VOCs 和 NO_x 污染联合控制。其中，VOCs 单独也是要严控的，其本身往往毒性较大，直接危害人体健康，是应采取措施降低排放量的。至于 NO_x 污染，从南方地区的监测结果看，一般远低于控制标准。

显而易见，臭氧污染是不能直接治理的，因为除复印等少数行业外，没有成规模的人为活动排放源。目前对间接治理技术的认识，主要是减少 VOCs 和 NO_x 的排放。VOCs 的底数并不清楚，无法评述其治理成效。单从 NO_x 控制看，其本身浓度并不高，从环境安全角度考虑，完全可不考虑治理措施，甚至可理论计算，即使将 NO_x 浓度全部降至背景水平，其生成减少的臭氧量对控制臭氧污染可能也是杯水车薪。

臭氧污染具有明显的阶段性。在一天的大部分时段，除 VOCs 情况不明外，NO_x 和臭氧的浓度都是安全的，不需要采取治理措。臭氧污染一般集中在每天的 12:30 ～ 17:30 爆发，而此时的 NO_x 浓度已降至很低水平。如果 NO_x 是累积到每天的 12:30 ～ 17:30 才产生次生危害，那么 NO_x 需要全天候控制，但若 NO_x 浓度在一天内处于自然波动状况，只是在午后被作为前驱物消耗掉，那么就没有办法在臭氧污染时段精准施策，单独控制 NO_x 污染。对 VOCs 的治理可能面临同样的难题。

从季节分布来看，至少在冬春季节，NO_x 和臭氧污染是不需要控制的。就降低治理成本而言，控制 VOCs 和 NO_x 污染应根据季节采取差别化的策略。

国外已明确提出，进一步降低 NO_x 浓度并不是出于健康影响考虑，而是防止其作为前驱物加重臭氧污染。减排 VOCs 的健康和环境效益可能更复杂。有鉴于此，这三项污染指标如何联防联控还要开展大量的基础研究，不是简单的臭氧污染倒逼 VOCs 和 NO_x 减排问题。实际上，很多地方根本就没有 VOCs 和 NO_x 减排潜力，而臭氧污染依然严重，控制其环境危害的思路就有必要作适当调整。

很多研究表明，植物排放的 VOCs 量远超过人类活动的排放量。由于高温季节的臭氧浓度绝对值比较高，即使将人类活动排放的 VOCs 降至零，残余的自然产生的 VOCs 仍可能使臭氧超标，为使臭氧达标而大面积毁坏植被显然是不明智的。

臭氧污染给环保系统带来的压力有目共睹，应考虑人为影响因素，但自然背景值的存在同样不容忽视，其中尚未揭示的真相要加快探索进程，海量监测数据和大气环境化学的进展已能提供相关科技支撑。建议进一步统筹城乡臭氧监测，准确掌握臭氧污染的分布情况，进而宏观分析其与其他环境空气污染指标的相关性，合理协同控制或单独控制。对臭氧污染，在认识还不彻底、全面的情况下，既不要盲目轻敌，使敏感人群暴露于污染危害中，也不要夸大事实，人为制造紧张甚至麻烦，特别是防止过度治理，造成投资浪费。国内同时、有计划地监测臭氧污染的时间并不长，关于其评价和治理等都允许有一个逐步深入的过程，要加强阶段性成果的回顾分析，持续修正努力方向，尽量少走弯路。

CO 监测方案尚有优化空间

罗岳平　刘妍妍　曾　钰

新《环境空气质量标准》（GB 3095—2012）要求增加包括 CO（一氧化碳）在内的新三项环境空气质量指标的监测，并评价 AQI（空气质量指数）。目前，国内对 CO 的监测已达到较大规模。从已获得的监测数据看，CO 几乎没有超标。结合美国的 CO 监测经验，有必要对我国未来的 CO 监测方案进行适当优化。

环境空气中的 CO 污染主要来自含碳燃料的不完全燃烧、生物质燃烧和发生在大气中的光化学反应等。以化石燃料为动力的大型工厂排放 CO 的量并不大。相反，移动源内燃机的工作条件差别很大，CO 的排放量大且变异大，是主要的 CO 污染来源。

国内对 CO 的监测。

国内科研性质的 CO 监测开展较早，在黑龙江省五常市龙凤山开展的 CO 背景值监测表明，平均背景浓度不到 0.35mg/m^3；根据北京、兰州、南京、天津、长沙等城市的监测结果，总体上，CO 浓度在夜间高，白天低。CO 浓度的日变化特征基本相似，从凌晨 0:00 ～ 6:00，CO 的浓度值基本保持不变，早晨 7 ～ 9 点出现一天的最高峰值，然后开始下降，下午 3 ～ 4 点降至最低值，此后，CO 浓度逐渐上升，但上升速度明显低于早晨。晚上 9 ～ 11 点 CO 浓度出现次高峰，相对稳定后，至次日清晨略下降，再开始下一个变化周期。

国内 CO 浓度的季节变化规律较为一致，且与美国观察到的情况类似，即冬、春季节高，而夏、秋季节低。此外，还表现出北方城市高于南方城市，沿海城市高于内陆城市，工业化城市高于农业城市等地域特征。

从全国各地的大量监测数据看，CO 最高浓度一般不超过 $3mg/m^3$，都低于 $4mg/m^3$ 的控制标准值，是绝对安全的环境空气质量指标。

美国对 CO 的监测。

美国在 1962 年最早报道 CO 监测，1971 年开始系统监测，到 1975 年，监测站点超过 500 个。根据积累的资料，1979 年 5 月提出强制性的最低监测要求，即人口超过 50 万的城市必须监测环境空气中的 CO。其时，全美国共有 103 个人口超过 50 万的城市，也就是至少应布设 206 个监测站点，但实际监测点位远超过这个数量，在 1996 年达到最多的 569 个，到 2000 年减少至 535 个左右。2006 年后，点位数量萎缩更快，到 2009 年，只剩下 345 个。

根据美国长期监测获得的大量数据，总体上，北半球的 CO 浓度高于南半球，北半球 60% 的 CO 浓度升高源自人类活动；从监测结果看，CO 浓度逐年降低，1981—1990 年，以 CO 的 8 小时平均值计算，301 个长期观测点的 CO 浓度平均下降了 29%。美国环保局统计的 92 个站点，在同期的下降幅度为 32%；所有监测表明，CO 的时空分布与机动车排放密切相关。在路网和车辆密度大的城区，机动车排放的 CO 可以占 CO 总排放量的 75% 以上。总体上，监测站点离道路越远，CO 浓度下降越快。在高速公路或交通繁忙地带，路边 20m 以内的 CO 浓度甚至是 300m 以外的 2 ～ 10 倍。

优化我国 CO 监测的建议。

只有根据对环境空气中污染物认识的深化，以及监测目标的变化，不断调整监测点位，才能满足环境管理和保护人体健康的需要。对国内城市环境空气中 CO 的规模化、系统性的监测，同样要经历起步、完善、成熟等发展阶段。

一是科学开展 CO 污染规律研究。国外对 CO 污染特征的研究和常规监测可供借鉴。但是，国内外的实际情况存在较大差异，特别是我国经济发展水平不高，CO 排放源数量巨大且分散，环境空气中 CO 浓度的时空分布和变化趋势可能很不同。对此，要充分开展有组织的、系统的研究，准确掌握我国环境空气中 CO 污染的来源、分布以及控制技术。

二是及早着手 CO 监测点位优化方案研究。目前对 CO 的监测主要依托常规城市环境空气质量监测网络。但基于 CO 浓度绝对安全这一事实，研究适当缩小站点数量很有意义。首先，通过规模适宜的监测站点完全可以掌握 CO 的污染水平，实现监测目标；其次，压缩监测规模后，可节省大量的建设和运行成本；此外，设区市的 CO 监测减少后，设备可转移至县级城镇，扩大监测覆盖面，有利于更全面了解 CO 的污染分布。

CO 监测站点的优化要建立在科学分析的基础上。一个城市内，通过监测数据的积累和类比，同质的监测站点是可以撤销的。计算 AQI 时，可共享邻近站点的监测数据。此外，要重视 CO 的背景值监测，以及开展针对 CO 排放强度的临时监测，形成以长期定位监测为主、临时性其他监测为辅的格局。

三是建立 CO 监测回顾性评价制度。美国对环境空气质量监测有十分完善的回顾性评价制度。例如，对 CO，要求周期性回顾标准执行情况，并出具独立的、具有第三方公正性质的科学报告，据此修订或提出新的标准。标准是个科学问题，一旦认识进步，发现不适宜处，就要立即启动回顾性评价和修订程序，哪怕只是针对某一项具体的指标值。有鉴于此，对 CO 的监测，一定要从整体启动之日起，加强顶层设计，对监测历程、监测结果、健康影响等定期进行科学的回顾性评价，需要调整的要及时增减，需要深化的工作要迅速安排。

四是运行维护好已建的 CO 监测网络。国内普遍存在重建轻管的现象。一定要运行维护好投入巨资建设的 CO 监测网络，获得准确、真实的监测数据，再组织专项分析，深度挖掘数据，发现规律性，凝练科学结论，为将来的 CO 监测、污染控制等提供指导。

氮氧化物监测目标需适度完善

罗岳平　甘　杰　刘妍妍

NO_x（氮氧化物）是城市环境空气质量监测关注的主要指标之一，其通过诱发多种呼吸道疾病而影响人体健康，并产生一系列次生危害。NO_x 是"十二五"4 项约束性控制指标之一，2012 年 3 月，新修订的《环境空气质量标准》（GB 3095—2012）收紧了 NO_x 浓度限值。未来一段时间，我国 NO_x 污染走势如何，应怎样优化 NO_x 监测，成为业界普遍关注的话题。

城市环境空气中 NO_x 的监测。

根据第一次全国污染源普查公报，我国 NO_x 主要来源于电力行业、机动车尾气和非金属矿物制品业，这三大领域合计排放量占 NO_x 排放总量的 83%。由此可见，NO_x 的总量控制要抓住重点行业和重点区域，构建以防治火电行业排放等为核心的工业 NO_x 防治体系和以防治机动车排放等为核心的生活 NO_x 防治体系。

总体来看，我国城市环境空气中 NO_x 的年均浓度相对稳定、安全。从 2013 年监测结果看，年均浓度全部达标，且 75% 以上符合一级标准。就年变化趋势而言，2008 年以来，城市环境空气中 NO_2 的浓度稳中有升，与工业经济增长较快、机动车排放增加等因素有关。从季度变化趋势看，NO_x 浓度在冬季较高，夏季最低。每年污染最严重的月份集中在 11 月～次年 2 月，而 6～8 月的 NO_x 浓度最低。

究其原因，冬季气温低，燃煤采暖等加大了 NO_x 排放，同时，冬季大气环境容量最小，NO_x 在压缩了的大气空间里易发生累积。而大气环境容量在夏季变大，同时，由于盛行南风或东南风，大气环境相对洁净，稀释作用强，因此 NO_x 的污染较轻。

我国城市环境空气中 NO_x 的监测情况与美国具有可比性。美国从 1979 年开始要求监测环境空气中的 NO_2，对人口超过 100 万的城市，最少要布设两个监测点位。其中，一个监测城市内的最高 NO_2 浓度，另一个要求设在 NO_2 排放量最高区域的下风向。2006 年完成的回顾性评价结果表明，在全美范围内，NO_2 浓度值一般远低于标准限值，是相对安全的环境空气质量指标，因此不再提强制监测要求，得到美国环保局批准后，可撤销原设点位。

根据国内外监测数据，城市环境空气中的 NO_x 主要源自化石燃料的燃烧，特别是机动车的普及，推动城市 NO_2 日浓度变化呈"双峰双谷"分布特征。两次峰值分别出现在上午 9:00 ~ 11:00 和夜间 19:00 ~ 21:00，且夜间峰值高于白天；两次谷值出现在凌晨 5:00 ~ 7:00 和下午 15:00 ~ 17:00，明显受机动车排放影响。交通早高峰后，NO_2 不断累积，从 7 点到 11 点，浓度不断升高，之后有所回落，下午 3 ~ 5 点达到低谷；随着交通晚高峰到来，NO_2 浓度又逐渐上升，并在夜间 19:00 ~ 21:00 达到最高值。此后，随着人群夜间活动减少，NO_2 浓度开始缓慢下降。

完善 NO_x 监测的建议。

NO_x 减排处于非常艰难的胶着状态。一方面，重化工业比重大，结构性污染问题突出，消化存量污染压力大；另一方面，家庭汽车保有量增加，新开工企业为数众多，NO_x 排放增量依然较大。这也是在很多城市观测到环境空气中 NO_x 浓度呈升高趋势的主要原因。就全国而言，2013 年地级及以上城市 NO_2 的年均浓度为 $0.032mg/m^3$，较 2012 年增加了 14.3%。

我国一直坚持对 SO_2 和 NO_x 的监测，总体来看，SO_2 污染减轻，NO_x 污染有加剧趋势。与此同时，灰霾天气数量增多。由此看来，NO_x 排放量增加，以及新增挥发性有机物和氨气等的排放，可能引发更为复杂的光化学反应，从而使城市环境空气质量急剧下降。因此，NO_x 可能是比 SO_2 更敏感的指标，

应密切跟踪 NO_x 浓度的变化，并分析其对光化学反应和 $PM_{2.5}$ 生成的影响。

一是重新确定 NO_x 监测目标。美国 1971 年就制订了 NO_2 监测标准，但直到 1979 年才提出监测要求，而且考虑到人口过百万的城市才会出现 NO_2 污染问题，只对此种特大城市才作监测要求。早期的 NO_x 监测主要考虑健康影响，后来同时关注光化学活性。自美国开展 NO_2 监测以来，点位数量一直相对稳定，即使自 2006 年不再强制要求监测，对 NO_2 的监测也未终止。其原因在于尽管 NO_2 的健康威胁并不大，但 O_3 模型等需要 NO_x 数据，加上公众参与、溯源前驱物等原因，因此仍坚持对 NO_2 的监测。

目前美国保留的对 NO_2 的监测，仍有近一半是针对健康影响的。其中，超过 36% 的点位特意设在人口密集区。另外，还包括最高浓度区监测、污染点源监测、背景监测、区域传输监测、生物生态影响监测等目的。

从国内监测情况看，环境空气中 NO_2 的浓度并不对健康构成严重威胁。然而，SO_2 浓度下降、NO_2 浓度升高后，灰霾污染立即加重，这表明 NO_2 的其他化学或物理效应较强。因此，NO_2 监测目的设计及监测点位确定，是很有研究价值的。调整 NO_2 监测网络时要综合考虑多种因素，使其既满足健康保护需要，又能达到科研目的。

二是加强点源和减排监测。NO_x 污染主要来自化石燃料的燃烧，火电、水泥、钢铁烧结、炼焦等工业企业是重要贡献者，要加强针对这些点源的减排并监测其效果。

机动车占 NO_x 排放量的 40% ～ 60%。机动车属于近地面排放，对城市环境空气中 NO_2 浓度升高的贡献在 70% 以上，是环境 NO_x 污染的主要来源。在城市内可观测到，在交通拥堵路段，NO_2 浓度明显偏高。机动车限行，加强机动车尾气治理，以及改善路网结构等都是防治 NO_x 污染的有效措施。同时，应在典型路段开展定位监测，用以评价控制效果。

三是加强对 NO_x 环境效应的研究。NO_x 除了直接引起呼吸道疾病，还会产生其他次生环境危害，如其转化为硝酸根离子后，导致酸沉降；作为前驱物，可以使地面臭氧浓度升高；生成细小颗粒物，带来 $PM_{2.5}$ 污染；沉降到地面后，使水体富营养化等。NO_x参与环境化学的机理非常复杂，催化作用明显，应加强相关基础研究，以更好地了解NO_x的环境效应，并指导NO_x减排工作。

二氧化硫监测应适时优化

罗岳平 郭 倩 曾 钰

我国多煤、少气的能源结构、粗放的工业发展模式、落后的消费理念以及人口快速向城镇集中，都成为城市环境空气质量急剧下降的诱因。特别是交通方式的变化，室内过度装修、装饰等，促使大气污染由传统的煤炭型污染向煤烟污染、光化学烟雾污染等共存的复合型转变，大气环境中存在的污染物种类也更加多样、复杂。

新《环境空气质量标准（GB 3095—2012）》保留了对 SO_2 的监测，但随着减排工作的深入推进，SO_2 排放量下降，环境空气中 SO_2 的超标率也随之降低。笔者认为，应根据 SO_2 污染新特点，对其监测进行适当优化、完善。

国内外对 SO_2 监测现状。

工业革命以来，欧美等发达国家先后发生了燃烧化石燃料而引起的煤烟型污染，并在 20 世纪 30 年代后期相继出现公害事件。为此，欧美国家启动了对环境空气中 SO_2 的监测。

美国在 20 世纪 70 年代初颁布《空气清洁法》，要求建立完整的空气质量监测网络。就 SO_2 监测而言，主要包括 4 000 多个空气质量监测子站，1 080 个高密度人口和污染源区域监测站以及 80 个乡村区域监测站，涵盖了不同级别、性质和目的的监测。

欧盟各成员国大都建立了覆盖本国的监测网络。其中，英国有 252 个烟雾和 SO_2 监测站、38 个乡村监测站和 19 个 EMEP 监测点，法国目前有 380

个 SO_2 监测站，荷兰有 117 个 SO_2 监测站和 6 个背景监测站。

在亚洲，有 12 个国家加入东亚地区跨边界空气质量监测网络，包括中国、印尼、日本、马来西亚、蒙古、菲律宾、韩国、俄罗斯、泰国、越南和老挝等，主要监测引起酸雨的 SO_2 和氮氧化物，并分析这一地区的酸沉降迁移和演变过程。

在我国 2002 年监测的 343 个城市中，SO_2 年均浓度未达到二级标准的城市约 22%，其中，超过三级标准的城市约 8%。到了 2013 年，SO_2 年均浓度达标的比例上升到 90.6%，主要与减排有关。2008 年，全国 SO_2 总排放量为 2 330.1 万吨，较 2007 年减少了 5.9%。到 2013 年，这个数值进一步下降到 2 044 万吨。

SO_2 污染具有明显的地域特征。从 2013 年监测数据看，在以京津冀和山东西部为中心的华北地区形成一个明显的高浓度中心；从北方到南方，SO_2 浓度逐渐下降；在广西、广东、海南以及福建沿海一带形成较为明显的低浓度中心，最低浓度出现在海南省三亚市。然而，SO_2 超标的城市，除四川攀枝花外，其余均在北方，且冬季浓度最高，这与燃煤供暖的能源结构密切相关。

优化 SO_2 监测的相关建议。

SO_2 属于经典监测指标，技术相对成熟，而且积累的数据量大，有利于从长时间尺度分析 SO_2 的污染特征。与此同时，随着减排工作顺利推进，SO_2 污染出现下降趋势，又有很多新的东西值得研究。为此，要以最小成本获得最多有价值监测信息为原则，对 SO_2 监测方案进行适当优化。

一是健全 SO_2 历史数据。受政绩考核模式影响，曾经出现评价哪项环境空气指标，其浓度相应就低的现象。但总体来看，环境监测数据质量是可靠的，海量历史数据是一座有深度挖掘价值的富矿。

因此，建议在国家层面制订计划，委托有关单位开展综合性研究，分析 SO_2 污染的区域分布，以及 SO_2 浓度的变化趋势等，从而宏观把握 SO_2 污染特征，为控制 SO_2 监测规模和投入等提供决策依据。历年的 SO_2 监测消耗了大量资源，其产出既要服务环境管理和政绩考核，又要形成独立的科学体系，从而获得明确的监测结论，并依照其调整下一阶段的监测目标和方式。环境监测工作每开展一段时间，都要进行归纳、总结，不能一成不变地做下去。

二是增设对区域传输通道的监测。总体来看，SO_2 污染的区域分布特征明显，在必要的传输通道开展 SO_2 浓度监测，有利于把握 SO_2 污染扩散特征，加强预报预警能力，进一步识别某个地方的 SO_2 污染是内源性还是输入性。

三是优化城市 SO_2 监测点位。南方很多城市的 SO_2 污染较轻，并且随着工业结构调整、推广使用清洁能源，SO_2 的排放量会进一步下降，分布也会更加均匀。从环境空气安全角度考虑，可以通过充分论证后适当减少监测点位，取消一座城市内的同质监测，集中精力运行好基本监测站，保证运维质量。

四是加强对 SO_2 排放源的在线监测。对电力、化工等企业密集 SO_2 排放量较大的工业区，要加强对点源的在线监测。一方面，全面控制区域排放强度，促使企业转型升级；另一方面，增强监管手段，防止企业偷排。在 SO_2 污染严重的区域，要适当增加监测点位；对经济增长较快的区域，要考虑增测环境空气中的 SO_2。

五是增设农村 SO_2 监测点位。我国监测网络历来以城市为重点，农村环境监测较为薄弱。因为农村生活能源以煤炭、木材等为主，加上燃烧效率不高，且燃料含硫较高，SO_2 污染不容忽视，在布局 SO_2 监测网络时应充分考虑这一方面。

六是分类管理 SO_2 监测资源。每一种监测活动都要有其明确的目标和任务，应对预期成果的实现情况进行评估。对 SO_2 监测站点，有些是为了反映环境空气质量，有些还可用来评价减排效果。为此，要仔细甄别每个 SO_2 监测站点的属性，分类管理、统计，充分发挥其综合作用。此外，还可多开展对 SO_2 的移动监测。SO_2 污染具有明显的季节性和地区性，冬季远高于夏季，北方远高于南方，重工业区远高于轻工业区。采用移动监测技术，可在必要的时候开展针对性强的专项调查，这无疑是对常规监测的有效补充。

建立大气排放源清单要抓住关键点

田　耘　罗岳平

湖南省长株潭地区是国家《重点区域大气污染防治"十二五"规划》明确的"三区十群"之一。这一区域位于罗霄山脉与雪峰山脉之间的湘江谷地，三市呈品字形分布，彼此相距不到 50km，易形成污染叠加。尤其是随着长株潭城市一体化建设的提速，区域大气复合污染特征日益明显。在当前不容乐观的大气环境形势下，长株潭地区急需推进区域大气污染联防联控。

长株潭大气联防联控要结合区域特点。

2013 年，长株潭三市达标天数比例在 53.4% ~ 59.0%，低于环境空气新标准第一阶段实施的 74 个城市 60.5% 的平均达标天数比例，出现工业未充分发展、大气污染形势严峻的现象。导致长株潭大气污染形势严峻的因素主要体现在 4 方面：一是独特的地形特征。这一区域北靠开阔的洞庭湖平原，南倚地势较高的南岭山脉，东西面分别为罗霄山脉和雪峰山脉，形成两侧山脉高耸、南高北低的簸箕地形。秋冬季节，北方的污染团随北风南下时在此阻滞不前。二是这一区域是典型的冶金、化工产业聚集区，境内集中分布有 200 多家有色、化工、钢铁企业，大气污染物排放总量大。三是城市化进程快，机动车保有量高速增长，且城区内建筑工地数量众多，扬尘污染严重。四是区域内餐饮业发达，居民饮食习惯重油、重盐，大量餐饮油烟直排，对近地面大气环境质量的影响不可小视。

独特的地形特征和复杂的大气污染来源，决定了长株潭区域大气污染联防联控需要结合区域特点，全面调查大气污染排放状况，采取针对性强的防治措施。而建立大气排放源清单，是开展大气污染联防联控和进行空气质量预报预警的关键性基础工作。这项工作涉及面广、投入大、耗时长、对象复杂多变，既要做好顶层设计，又要精密部署，只有群策群力才能完成。

急需建立长株潭区域大气排放源清单。

现阶段要建立长株潭区域大气排放源清单，需要从以下方面着手：

一是加强领导，做好总体设计。大气排放源调查指标多、内容丰富，但基础信息少而分散。要想把细节完善起来，必须由省环保厅牵头，三市环保部门共同参与，组织精干的专业技术队伍，把基础做实。尤其是要重视与相关高校、科研院所合作，将理论与实践衔接，明确每个阶段的工作任务和重点，将大气排放源清单编制与日常的环境管理和监测科研结合起来，争取在 1～2 年的时间内完成，取得初步结果。

初期，要着重夯实基础，建立符合区域特点的大气排放源分级分类体系，完成所有排放源类活动水平的调查收集；后期，重点开展专项研究，对区域内大气污染的产排污系数和特征化学成分谱等进行研究，并进行时空特征识别与分配。

二是加强基础监测和调查研究工作，摸清各污染物的排放现状。大气排放源清单编制涉及多学科理论和方法的运用，既需要开展现场实测，也要研究方法体系和开展分析校验等。

例如，过去我国环境管理是以二氧化硫和工业烟粉尘等单一污染物为控制重点，对燃煤小锅炉污染、城市扬尘等面源以及机动车等移动源关注不够。而现在，其数量变化幅度较大，对大气污染的贡献需要进行系统评估。此外，挥发性有机物、氨等多种污染物同样存在排放水平和排放特征底数不清的问题。不能确定导致大气污染的主因，就不能明确防治重点和主要抓手，延误管理决策。

在编制源清单的过程中，要将监测与调查相结合，特别是准确掌握点源的排放水平和不同粒径颗粒物、各类一次污染物的排放信息，对区域内有特色的冶炼化工产业，更要深入研究特征源成分谱和产排污系数。对基础薄弱的挥发性有机物、机动车等的排放状况调查，应以专项课题的形式加强监测，建立科学的核算方法体系。

三是建立大气排放源清单动态更新制度。编制大气排放源清单是一项长期工作，也是一项细致的环境管理活动。在发达国家和我国香港地区，都将大气排放源清单的年度更新和维护作为一项常规工作安排，有专人负责。在长株潭区域，首先要考虑构建一套由下而上的大气污染源清单调查和上报业务系统，并使之具有开放性，可作为一项例行工作，及时动态更新大气排放源基础信息。

当前，长株潭的发展方式和工业结构调整力度较大，企业新建、产业退出的情况复杂，加之城市扩张、城市人口和生活方式等的变化，使挥发性有机物、氮氧化物等大气污染物排放总量持续上升。对此既要有排放统计，也要跟踪监测，相应的大气排放源清单要及时更新，力求与实际相符。

四是全面加强大气环境管理基础性工作。建立完整的污染物排放单元环境信息档案，是环保事业发展的基础。历史环境欠账要逐步还回来，而对于新建企业，必须通过竣工验收过程，强制填报环境身份证信息，包括企业基本情况、污染物排放类型和总量等，确保一企一档，分类管理并做好统计，每年更新完善。只有这样，环保部门才能真正掌握和精准分析各种污染物的排放状况。

在尚没有科学掌握大气排放源清单的情况下，湖南省环境监测中心站已初步开展了长株潭城市环境空气质量预报工作，而且等级预报准确率最高月份可达 70% 以上。

从理论上分析，没有科学、精细的大气排放源清单和准确的气象观测数据，预报就是空中楼阁。但先依靠比较粗线条的历史调查数据也能获得较高的预报准确率，究其原因，虽然企业的微观排污行为存在不确定性，时空变化大，但宏观排放总量在一定时期和一定条件下却是相对稳定的，微观上的此消彼长并未导致宏观总量上的大幅变化。因此，基于大气污染物稳定排放假设的潜势和统计预报也可能获得较可靠的结果。

编制大气排放源清单是紧迫任务。当前，在起步较晚的情况下，应当两手抓，一边抓紧编制大气排放源清单，一边合理假设，同步推进环境空气质量预报工作。

VOCs 污染防治要各司其职

罗岳平 张 琴 彭庆庆

灰霾污染影响民生，既是管理问题，又是技术问题。《大气污染防治行动计划》就降霾提出了淘汰落后产能等措施，工作重点指向明确，考核严格，将对控制环境污染、减少灰霾天数起到重要指导作用。

笔者在实际工作中观察到，挥发性有机物（VOCs）是灰霾的来源之一，且增量很大，不容忽视。

挥发性有机物排放增量大。

灰霾是一项综合指标，来源于各行各业的污染。源解析就是要推算各类污染源的贡献率。分析大气污染来源，可以发现，各种挥发性有机物的排放增量很大，主要来自机动车等方面。

机动车对灰霾的贡献远不止排放尾气。在机动车制造阶段，喷漆、内装饰等就要释放大量的甲醛、二甲苯等有机物；机动车行驶、怠速过程中，排放含有大量有机物或 $PM_{2.5}$ 前驱物的尾气；机动车维修也会产生挥发性有机物；加油过程中，油枪泄漏出来的几乎都是挥发性有机物，尤其是机动车数量剧增后，油枪基本处于连续工作状态，如果未上油气回收装置，挥发性有机物的泄漏量是相当大的。

一座城市内，挥发性有机物的增量主要还来源于以下几方面：一是石化等工业生产过。二是化石燃料和生物质的燃烧。三是室内过度装修、装饰，油漆及溶剂材料的挥发。四是餐饮业，既有食用油的挥发，又有燃气灶具喷头的燃烧释放。打开抽油烟机，挥发性有机物就会排入大气中。人口聚集后，原来在农村的分散式单户排放变成集中排放，尤其是露天烧烤带来的影响不可小觑。五是高品质生活带来的排放，如焗油用品、各种喷剂等，其核心问题在于数量众多，积聚在一起就带来一定的贡献率。

挥发性有机物对 $PM_{2.5}$ 生成有重要影响。

根据美国环保局的定义，挥发性有机物是指除了 CO、CO_2、H_2CO_3、金属碳化物、金属碳酸盐和碳酸铵外，其他所有参加大气光化学反应的碳化合物。挥发性有机物既是反应剂，又是催化剂，对 $PM_{2.5}$ 的形成起到了十分重要的作用。

一方面，挥发性有机物作为光化学反应的决定性前体物，在紫外光照射条件下，可以和氮氧化物等发生一系列光化学链式反应，提高大气的氧化性，加速二次细颗粒物的生成。

另一方面，挥发性有机物与大气中的自由基发生反应，形成二次有机气溶胶（简称 SOA），而 SOA 是 $PM_{2.5}$ 的主要成分之一。如在北京市，SOA 占 $PM_{2.5}$ 的 20% 左右。工业越发达，这个比例越高。

一个灰霾污染周期一般长达 3～8 天。污染周期开始时，$PM_{2.5}$ 浓度比较低，但随着污染物积聚，大气环境容量逐渐被消耗，特别是在污染周期后期，$PM_{2.5}$ 浓度增速快。分析 3～8 天内各种污染物的排放量，应该说，在采取了强制减排的情况下，一次污染物排放量都在下降。但 $PM_{2.5}$ 增量既来自持续排放，更源自挥发性有机物在城市上空发生的复杂化学反应。

夏天气温高，光照强，挥发性有机物的化学反应充分且消散渠道通畅，$PM_{2.5}$ 污染不严重；秋冬季节，逆温层罩在城市上空，如同在一个相对封闭的空气罐内，挥发性有机物发生化学反应，其后果自然很严重。

重在采取措施降低排放量。

挥发性有机物治理同样面临点多面广的困难。只有各自扫干净门前雪，才能保证整条街都没有雪。治理挥发性有机物污染也是同样的道理，必须强调各司其职，各部门、各行业共同行动。一旦挥发性有机物进入大气中，根本不可能再进行集中治理的。因此，采取措施降低排放量是硬道理。

首先，要有效控制机动车排放。尽管单台次车排放污染物的水平存在不确定性，但机动车尾气排放污染是客观事实。根据有关数据，每消耗 1kg 汽油排放一氧化碳约 0.2kg、氮氧化合物 0.02kg、碳氢化合物 0.008kg 和颗粒物 0.002kg，这些都会引起挥发性有机物污染。此外，对于机动车生产、维修等各个阶段，都要制定相应措施，减少挥发性有机物产生。

其次，其他行业也要重视并减少挥发性有机物污染。比如，餐饮业必须加强管理，安装有关治理设施。对装修行业则要制定相关标准，让企业有所约束，以减少挥发性有机物的排放。对于挥发性有机物，很多行业都有减排潜力，形成合力后，环境质量就会得到有效提升。

扬尘对灰霾的影响不宜高估

罗岳平　彭庆庆　张　琴

　　降霾如同治病，把生病的原因查明了，对症下药，才有可能药到病除。分析灰霾来源，找准防治着力点，是一项紧迫而又充满技术挑战的重点工作。

　　迎战灰霾，社会各界的直觉首先是控制扬尘。参考今年陆续发布的城市灰霾源解析成果，扬尘也被认为是重要贡献者。但笔者认为，不要过高估计扬尘对灰霾的主导作用。理由如下：

　　首先，时间上，扬尘排放与灰霾发生明显错峰出现。从全国来看，城市大拆大建的高峰期已过，如果说扬尘是 $PM_{2.5}$ 的主要来源，那么严重的灰霾污染应该在更早的时间就已经暴发。

　　一年之内，无论大江南北，5 ～ 10 月无疑是建筑施工的高峰期，而且天气相对干燥，扬尘产生量肯定是最大的。但这一时段往往是黄金呼吸期，环境空气实际监测结果并不支撑 $PM_{2.5}$ 主要来自扬尘这个结论。尤其是在东北等地的城市，进入冬季后，建筑业一般由于冰冻而停工，扬尘来源剧减，但此时却是一年中灰霾污染最重的时期。

　　一天内，8:00 ～ 18:00 是建筑施工最繁忙的时段，但相应的 $PM_{2.5}$ 质量浓度却低于其他时段。特别是每天 15:00 ～ 16:00，$PM_{2.5}$ 质量浓度全天最低。显而易见，扬尘排放对 $PM_{2.5}$ 质量浓度不起主导作用。

　　二是建筑工艺很难直接产生 $PM_{2.5}$。建筑施工过程中，机械搅拌等工艺不可能将水泥砂浆等颗粒物直接粉碎到 $PM_{2.5}$ 及以下的粒径，挖掘等其他辅助施工也不会直接产生 $PM_{2.5}$。因此，临时关停建筑施工不会在短期内使 $PM_{2.5}$ 质量浓度发生实质性的下降。

随着建筑技术进步，大型施工基本实现了围挡作业。相比历史，建筑工地数量增加了很多，但推行围挡作业后，单个建筑工地排放的颗粒物大幅度下降。从总量角度分析，建筑业排放颗粒物跨年度的变化不会很大，甚至在做减法。尤其是在发生灰霾的 3 ~ 5 天内，建筑扬尘等不可能有太大波动而导致 $PM_{2.5}$ 发酵似的倍增。

三是风力对扬尘的粉碎作用有限。扬尘以各种形式排放到环境中后，一般堆积或沉降在地表。一旦来风，细小颗粒物就会再次扬起，形成漫天灰沙的局面。风力在搬运扬尘的过程中，颗粒间互相摩擦，对粒径有缩小作用，但风力搬运、混合等过程对颗粒物的破坏强度不足以使扬尘直接细碎到 $PM_{2.5}$ 及以下粒径。

四是扬尘相对化学特性稳定，对灰霾的催化恶化作用不强。来自土壤、水泥等扬尘的颗粒物的化学反应活性较差，彼此之间独立轨迹运动，不会发生反应而使灰霾污染恶化。相反，扬尘类细颗粒物对 SO_2、NO_x 等气态污染物有一定的吸附作用，可在一定程度上缓解灰霾危害。时间足够长，扬尘类细颗粒物还可能发生碰撞，形成较大的颗粒物后发生沉降。因此，在每个城市上空，扬尘类 $PM_{2.5}$ 污染一般呈逐渐下降趋势。

五是扬尘对 $PM_{2.5}$ 的贡献率估算。$PM_{2.5}$ 是客观存在，且有一定的背景值。以长沙市为例，7 月的 $PM_{2.5}$ 质量浓度最低，在 $48\mu g/m^3$ 左右，而 1 月的 $PM_{2.5}$ 质量浓度较高，约 $160g/m^3$。在夏季的 7 月，由于气温高，光照强，可以认为，具有化学活性的 $PM_{2.5}$ 都消失了，只剩下惰性的扬尘类 $PM_{2.5}$。以城市 $PM_{2.5}$ 背景值 $20\mu g/m^3$ 计，则扬尘类 $PM_{2.5}$ 为 $28\mu g/m^3$。进入冬季的 1 月，假设城市背景 $PM_{2.5}$ 质量浓度不变，扬尘类 $PM_{2.5}$ 的质量浓度也不变（实际上，到了冬季，因为施工减少，扬尘产生量相应要下降较多），则扬尘类 $PM_{2.5}$ 占总 $PM_{2.5}$ 的比例为 17.5%，这与长株潭三市源解析计算获得扬尘类 15.9% 的贡献率基本吻合。

虽然扬尘本身的理化性质比较稳定，即使是在静稳的天气条件下也很难转化成二次前驱物，对 $PM_{2.5}$ 质量浓度暴发式增高的贡献有限，但扬尘对 PM_{10} 等的影响不容忽视，必须严加管控。然而，就 $PM_{2.5}$ 污染防治而言，一定要准确分析主要矛盾，避免方向性错误。

雾炮车，用对地方才管用

罗岳平　张　琴

雾炮车是在霾天气席卷城区的特殊背景下进入地方政府和公众视野的，普遍被视同为一种应急处理装置。但是现在，雾炮车的声名却不佳，这又是为何？

总体来看，有两方面原因：一是雾炮车可以在局部地区非常有限地改善环境空气质量，一些地方将其用于大气自动监测站点周边的空气清洁，引起市民的反感。二是雾炮车的功能被夸大，甚至被称为"降霾神器"，有些地方政府投入不少财力购置，满街炮击，城市环境空气质量的改善幅度却不尽如人意，令责任部门和公众失望。

在这样的情况下，雾炮车还有必要进城吗？首先要承认，雾炮车是个好工具，在抑制粉尘、消除异味等方面发挥了积极作用，相比其他类型的洒水车可以节约大量水资源，而且不会带来道路泥泞等问题。

但是，好工具的功能也是有限的，雾炮车只适用于特定场合。所谓一物降一物，不能寄希望于雾炮车超功能发挥，把霾也吸收干净了。雾炮车就是用来降尘的，在产生大量扬尘的工作场所，雾炮车就是神器，能控制尘土飞扬的局面。

由此可见，雾炮车不能包治百病，其作用不应被神化。但在它的擅长领域，要大胆使用，治好对应的"专科病"。

雾炮车一度成为被嘲讽对象，在于对它的不正确定位。走下神坛，雾炮车要健康发展，尤其要提高性价比，才能增加使用量。对扬尘控制来讲，如果打出地面洒水车或负压吸收清扫和空中雾降的组合拳，效果肯定是比较理想的。

雾炮车进城是城市管理精细化的一种有效手段，有关责任部门要进一步增强对雾炮车的客观认识，用一定数量的雾炮车在扬尘污染严重的施工场所正确使用，这种治理成效是明显的。在南方某设区市，PM_{10}浓度由上年的$84\mu g/m^3$降至今年的$75\mu g/m^3$，尽管原因复杂，浓度下降应归因于综合措施，但雾炮车的正确使用功不可没。专业的设备治理相应的污染，环境质量改善效益比较明显。

在霾污染治理中，会涉及很多"专科病"，只要每一种"专科病"都有治疗方案和相应的处理装备，污染源头控制住了，污染指数也就降下来了，必然提高市民对环境质量改善的认同感。在治霾的工作中，希望不断研发出新的专业设备，把污染指标分项、分领域降下来，最终唤回蓝天。

治霾，到了拼耐力阶段

罗岳平　曾　钰　骆　芳

　　灰霾是"全民公敌"，又是一种顽固性很强的污染，侵袭着人们正常的生产生活，既带来严重的经济损失，又考验各级地方政府的社会管理能力，产生了综合性的经济社会破坏效应，必须高度重视，做好打大仗、硬仗的准备。

　　在抗霾过程中，有关基础理论和防治技术的研究已取得长足进展。可以说，人们对灰霾的发生规律、污染来源、应急管理等方面的认识和实践经验越来越丰富，隐藏在灰霾之中的秘密被逐渐揭开，治霾工作走向规范化、常态化，改善效果初步显现。

　　正确认识灰霾现象。

　　灰霾是一种客观存在，人们通过视觉、呼吸系统能直接感受到。不同于水、土等污染要利用专业设备才能准确检测到，灰霾污染是显性的，群众可以看得见、闻得出，易引发社会不良反应。

　　灰霾污染是超负荷利用大气环境容量产生的严重后果。每座城市或每个区域是有地理边界的，在不利气象条件下，逆温层形成后，城市或区域上空就有了净空高度，其与地理边界共同构成了大气空间。在这个一定容量的"气囊"内，各种气型污染物排放量越大，环境空气质量恶化速度越快。这也是每年11月至次年3月期间，静稳天气条件下，好的环境空气质量不能较长时间维持的根本原因。

　　静稳天气控制范围越广，各城市差别化消耗当地的环境空气容量，率先发生污染的城市环境空气就会向外扩散，一旦与邻近城市接触，就容易造成连片污染，导致区域性的环境空气质量恶化现象。只有输入清洁空气，或发生降水等破坏静稳天气的过程，积聚的气型污染物被清空，污染周期才会结束。

各个城市的环境空气污染周期是有差别的，既取决于城市周边地势、逆温层高度等自然因素，又与本地的气型污染物排放总量密切相关。凡是单位国土面积开发强度较大的城市，其大气环境容量可能在 2～3 天内就被耗尽，之后污染持续累积，如果不采取限产等措施，就可能产生严重的社会影响。也有城市可坚持 4～7 天，在污染累积尚不严重时，风、雨等破坏性天气来临清除了气型污染物，群众便感觉不到明显的污染过程。

在某些条件下，特别是地理邻近时，城市间的环境空气质量相互影响。每座城市都可视为一个大的点源，静稳天气发生后，这个大的点源排放的气型污染物向四周扩散，必然导致对邻近城市环境空气质量的影响。

现代跟踪监测技术也观测到，上风向城市发生空气污染后，随着气团流动，可能带动下风向城市的污染物浓度升高。但如果两个城市相距足够远，中间环境空气的稀释容量较大，则产生的影响有限。对有些城市来说，北风或西北风一吹，天空立即变蓝，则表明本地灰霾并不来源于上风向城市，那么就需要适当调整联防联控范围。

如果作大尺度空间分析，就会发现环境空气的污染分布是斑块状的。一般来说，城区污染最重，沿郊区、农村向外依次减轻，即使坐在监测车内，也能肉眼感觉到从城区到农村天空越来越清澈，污染越来越轻。由此可见，大部分城市的灰霾污染是内生性质的。在连片区域内，哪座城市的气型污染物排放量大，其更有可能对周边城市的环境空气质量带来负面影响。对于污染更重的城市，要督促其优先采取治理措施。

综合采取降霾措施。

灰霾污染来自各行各业，特别是静稳天气形成后，所有排放的气型污染物尽收"气囊"中，平时看似微不足道的行业都有可能成为压倒环境空气总体质量状况的最后一根稻草。

以餐饮油烟污染为例，进过厨房的人都有体会，只要关闭抽油烟机 3 分钟，基本上就会呛得十分难受，而这些油烟在平时全部排入了城市大气中。每家每户都在排，餐馆还习惯大油烹饪，如此一来，涓涓细流汇成大河，总排放水平并不低。虽然目前对此提控制要求不可行，但在估算灰霾污染来源时不可忽视。

国内广泛开展的灰霾源解析工作有很多假设前提条件，但大量研究表明，灰霾污染以二次生成为主，与研究所假设的前提条件相去甚远，预示了源解析结果存在较大的不确定性。实际上，治霾来不得半点虚假，列入源清单的所有责任单位或个人在必要时都应自觉承担减少气型污染物排放量的义务。在目前人为尚无力改变天气条件的情况下，当务之急是从源头上减少气型污染物。

灰霾主要发生在每年入秋后，究其原因，一是秸秆燃烧、取暖燃烧等生产生活行为导致的气型污染物排放量快速增加；二是大气扩散条件变差，逆温层等阻滞了污染物扩散。当灰霾污染发生时，要果断采取限产限行等应急性治理措施，同时建立长效治霾机制，包括坚定不移地优化产业结构，督促企业建设、运行污染治理设施，提高集中供热率，推广使用洁净型煤等。只有釜底抽薪，走清洁生产生活之路，在环境承载力范围内组织人类活动，才可能保证大气环境健康。

治霾的技术规范已经发布，涉及诸多部门，也对各个行业提出了工作要求。可以说，治霾的技术路线非常明确，主要就在于抓落实。多地实践表明，偷排、小散排放等是监管难点。

一个企业在一天内 4h 的污染物偷排量，可能相当于其他 20h 的达标排放量。如果企业不能严格自律，则表面上管理规范，实际上祸害无穷，不仅影响了治理技术评价，而且干扰了管理决策。

小散排放则因其点多面广，难上治理设施，造成的污染可能超过规模企事业单位。这就要发动社区力量，进行地毯式搜索、建档，进而达到逐步控制、取缔的目标。

形成部门合力是治霾成功的关键。走出"霾"伏，必须多管齐下，而这个"管"的手段掌握在各个部门手中。没有相关部门同时发力、同向发力、竭尽全力，治霾就不可能取得全面胜利。特别是在制订重污染天气应急方案时，要把监管任务明确下达到各个部门，按分工负责的原则，自己的孩子自己抱，避免混乱。

重霾之下，没有幸免者，每个部门都要为健康呼吸作出应有的贡献。明白这个道理，才能实现治霾责任由"要我做"向"我要做"的转变。面对"霾"伏，各个部门应在政府的统一指挥下，主动出击，由此取得的效果也将是截然不同的。

优化治霾绩效考核设计。

治霾是一个艰难而漫长的过程，要做好打持久战的准备。以北京市为例，2016 年 1—10 月，$PM_{2.5}$ 平均浓度 64μg/m³，同比 2015 年下降 8.6%，同比 2013 年下降 24.5%。可以说，这几年北京市的治霾力度很大，$PM_{2.5}$ 浓度下降明显。然而，由于污染基数较高，即使是在持续做减法，$PM_{2.5}$ 浓度仍未降到安全水平，导致群众对大气环境质量改善的直接感受不明显。

根据新的环境空气质量标准，$PM_{2.5}$ 的年均浓度限值为 35μg/m³，日均浓度限值为 75μg/m³。如何解读这两个双控指标？目前 $PM_{2.5}$ 浓度值一直高位运行，即使每天达标，也都距离 75μg/m³ 的日均值上限不远，年均值自然不可能达标。实际上，要达到 $PM_{2.5}$ 年均值低于 35μg/m³ 的目标，日均常态浓度要在 35 μg/m³ 左右波动，75μg/m³ 应是极限浓度，而且只能在极端条件下才允许少量出现。但用这个标准来衡量，国内很多城市的灰霾治理任务可谓相当艰巨。

治理灰霾，越往后越难。在启动阶段，由于 $PM_{2.5}$ 的绝对浓度值较高，而且一些规模以上企业的污染治理没有到位，容易取得立竿见影的效果。而留在后面的问题，比如机动车在内的小散污染源治理，要么与群众生活密切相关，要么涉及就业等敏感问题，开展治理的技术和管理挑战较大。并且每项工程取得的减排量并不大，$PM_{2.5}$ 浓度只会缓慢下降，尤其是越接近 35μg/m³ 的标准上限，投入的成本大，改善效果却不明显。

因此，对PM$_{2.5}$浓度的这种变化规律要有深刻认识，才不至于产生悲观情绪，甚至半途而废。在绩效考核目标设计上，要按先快后慢的特点把握工作节奏，分阶段设定奋斗目标，稳扎稳打，步步为营，盯紧最终任务走小步、不停步，直至取得满意结果。

PM$_{2.5}$浓度的降低，离不开工程治理和行政管理措施，应根据源解析结果和源清单进行测算。弄清楚达到阶段性的PM$_{2.5}$浓度下降目标，需要哪些行业作出贡献，并把任务分解到发改、经信、商务、交通等部门，量化考核。如果只提宏观指标，不进一步细化落实到责任部门，那么考核就失去了抓手，犹如拳头打在棉花上。相反，只要测算科学，提出的考核指标可达，就能形成对责任部门的刚性约束，这样的降霾效果也是可以预期的。

对治霾的绩效考核，要始终坚持各级地方政府的主体地位。《环境保护法》对此有明确规定，灰霾是目前反应最强烈的环境质量问题，各级地方人民政府必须把责任扛在肩上。按照"党政同责"的指导思想，地方党委也要主动研究治霾问题，认真部署有关工作，加大治霾力度。

很多城市对部门协同治霾进行了有益探索。重霾来袭，党委、政府督察室会同环保局联合检查各个部门落实减排任务情况，甚至对工作不力的采取"回头看"，不抓出成效不放松，取很了良好效果，这方面的经验要进一步总结推广。

治霾，是一个持续深化认识、不断丰富防治手段的过程。没有排放，就没有污染，这是确定无疑的。降霾离不开控制城市发展规模、优化产业布局等宏观调控，也需要市民从细微处着手，每个人少排一点，集聚效应就放大了。"人心齐则霾降"，治霾是全民战争，消除灰霾危害，必然是全方位、多角度的全员行动，依赖于各部门和每一位市民的力量。

第七篇

土壤环境

土壤标准是保护的第一道防线

罗岳平　潘海婷

当前，有关土壤环境的标准体系仍有较大完善空间。以土壤环境质量标准为例，一是指标少，二是指标值的确定缺少科学资料的积累，不少是从国外直接引进吸收的，没有经过规范的毒理学试验，也没有结合流行病学调查，因而对指标的松紧度把握不准。

制定与土壤环境相关的标准需要面对很多困难。首先，土壤中的有害物质是通过食物链传递进入人体的，不同种农作物、蔬菜对有害物质的吸收能力存在显著差异。因此，即使是在同一地区轮作不同的庄稼，土壤污染的危害可能截然不同，由此带来土壤标准的不确定性问题。

其次，土壤自身的理化性质影响有害物质的毒性。土壤水分、pH、有机质、粒径分布等理化指标都影响有害物质被生物利用的程度，有害物质之间还存在协同或拮抗作用。而我国地域广阔，地理空间差异显著，土壤类型丰富，发布一个放之四海而皆准的标准值不现实也不科学，但分区分类制定标准工程浩大。

最后，制定土壤环境标准需要的科学积累过程漫长、复杂。一是对土壤污染现状缺乏系统调查，家底不详；二是缺少土壤污染与人体健康相关性的资料；三是土壤污染危害人类健康的途径多样，增加了标准的制定难度。

标准决定了产品质量，也是守护公共环境安全的第一道防线。各行各业都重视标准的制订。一项事业或工作的开展，离不开标准的支撑。只有标准覆盖到了，监管要素都齐全了，才能保证控制效果。土壤环境标准和其他行业一样，基础并不扎实，但各项工作又急需，必须以更大的力度推动。

首先要明确制订土壤环境标准的主体责任。对土地的利用和专业管理分布在很多政府部门，各部门应根据监管领域，分头制订相应的标准并监督实施。比如，农业部门牵头制定有关农产品、农用地环境质量的标准，住建部门负责制订建设用地修复标准，环保部门研究污染场地修复标准等。这些标准制定后，联合质检部门发布，成为国标。面对庞杂的土壤环境标准体系，任何一个部门不可能全部顾及，必须合理分配到相应的专业机构去完成。

其次，优先建立制订土壤环境标准的方法论。我国的土壤种类多，开发强度高，各地耕种习惯等相差大，制订土壤环境标准必须坚持分区分类的原则，这就要求建立规范的定值程序，指导地方如何结合本区域实际确定针对性强的标准值。这项工作非常复杂，重点考虑怎样对统一标准值进行实事求是的本地化修正，应组织攻关，将其模型化后，交给市、县应用。

第三，将土壤环境标准与农产品标准等有机结合起来。土壤不是产品，而是一种生长基质或支撑地表物的载体，因此，土壤环境标准不是孤立的，必须与其用途或者说其上的生长物产品标准等有机衔接。尤其是对耕地，土壤环境质量安全与否是相对的，种植水稻可能超标，改种蔬菜则是安全的，栽种烟叶更没风险。判断一块耕地是否要开展污染治理，不能完全基于土壤污染物检出浓度，必须结合种植结构、农作物品种等进行综合分析。最科学的路径是先检测农业收获物的安全性，若超标，再分析是否来源于土壤污染，不能本末倒置，对直接消费农作物的品质漠不关心，间接指标反而吸引了全部注意力。

最后，提高土壤环境标准的强制性和开放性。土壤环境质量事关农业生产和人居安全，一旦发布，则要强化执行，特别是建立"毒土地"退出生产建设领域与治理修复机制。然而，土壤环境标准的制订是技术含量相当高的工作，一次成型的挑战大，宜先建框架，形成开放格局，不断将成熟指标值补充进去，经过较长期的完善后，最终体系完整。

土壤污染防治应注意的六大关系

罗岳平　潘海婷　曾欢欣

　　"土十条"印发后,社会各界在土壤污染家底监测、分类施策、风险管控、分阶段治理等方面达成广泛共识,有利于落实预防为主、保护优先、严控新增污染、逐步减少存量的防治目标。根据笔者的思考,需要进一步理顺以下六大关系,从而科学落实"土十条"。

　　一、正确认识新发现与新发生的关系,消除急躁情绪。

　　民以食为天,而土壤环境质量状况与农产品安全密切相关。只有控制了土壤污染,才把住了农产品安全的一个重要关口。对这样关键的控制性工程,每个人都知道等不得、慢不得,要以时不我待的紧迫感真抓实干。然而,土壤的形成、演化、污染发展过程都不是朝夕之功,相对于国内工农业在短期内的大规模快速发展史,土壤的自然发生过程漫长,人类活动冲击到底会有多大亟待论证。有些超标现象,可能长期存在,但只有现在才引起重视,或技术手段到了现阶段才支撑问题的发现。如果土壤污染及其上生长的水稻等农作物一直是超标的,又没有流行病高发等异常现象,表明人与自然协同进化,互相适应,特别是当地人群已对特征污染物具有了耐受力,那么偶然的发现并不应被无限放大,并急于中断历史的延续。

　　新发生是要果断控制的。明知对生产生活有害,若有污染物排入或吸收,则要迅速采取阻断措施。新发现则是污染过程中的一个转折点,历史污染一直存在,但以前未被认识,发现后,则由蒙昧转向科学和理性,相应地要系

253

统研究污染原因、当前危害和未来的防治措施等。对属于新发现类型的土壤污染，要结合污染历史综合分析，不能在爆发初期就惊慌失措。既然千百年都安全生存下来了，现在还采取了减轻污染的措施，安全水平在提高，短期危害是可控的，只是为了进一步降低健康风险，可以深入研究治理污染的技术，这种改良节奏应合理把握。

二、正确认识土壤污染与农产品超标的关系，消除恐慌心理。

土壤污染不能与农产品超标划等号。土壤污染不同于水、气污染，不为人类直接消费，而是通过种植农作物等发生累积并沿食物链传递，间接危害人体健康。在污染的土地上，有些农作物具有低吸收、少累积的特性，收割后达到安全标准。相反，在达标的土地上，有些农作物品种具有超富集能力，成熟后的某些检测指标有可能不合格。

农产品的质量合格是要绝对保证的指标，也是唯一的工作目标，而土壤环境质量状况只是实现这个目标的重要保障条件之一。土壤达标，并不意味着农产品就绝对安全了；土壤受到污染，如果种植品种合适，也有可能收获合格的农产品。一块受污染土地，只有土壤检测指标不合格，反复筛选耐受品种也不能种植出质量合格的农产品才能宣告其应划入禁止生产农产品区域。这种调试是个长期的过程，是必须要坚持的科学路径。目前的土壤环境质量标准还有待完善，如果单纯以其为标尺来评价每个地块的安全性并判断是否适宜种植农产品，存在影响社会稳定、土地资源不够用等风险。

农产品直接为群众消费，其质量检测应优先于土壤环境质量检测。某地农产品不合格，排除品种因素，首先就要分析其是否源于区域性的土壤污染。以农产品质量检测带动土壤环境质量检测，针对性更强。不结合农产品生产而调查土壤环境质量状况，监测结果仍不能回答食品是否安全这个终极问题，也不利于调查信息的发布。

三、正确处理土壤保护与污染土壤治理的关系，扩大资金效益。

"土十条"要求切实加大对土壤的保护力度，确保符合条件的优先保护类耕地面积不减少，土壤环境质量不下降。中央和地方各级人民政府每年投入到土壤领域的资金是相对稳定的，这些资金应优先安排到合格土壤的保护方面。

群众生活中有这么一种体会，一篮子苹果，贮存太久后，就会出现整体腐烂变质的趋势。有的家庭舍不得，首先从快烂的苹果吃起，结果天天吃烂苹果；也有的家庭当机立断，去掉几个烂苹果，从尚好的苹果开始吃起，从此以后就摆脱了烂苹果的困扰。土壤防治要借鉴这种智慧，不能只盯紧几块重污染场地投巨资治理，而忽视大量安全土地的保护，使其也陷入被污染的泥潭。

笔者在澳大利亚考察时，发现对污染土地的休克疗法较普遍。确认污染存在后，如果资金有缺口或技术不成熟，地方当局就采取阻隔措施，将受污染地块物理隔离，暂按荒地处置。当然，澳大利亚地广人稀，有充足的土地可以闲置，国内不可照搬，但有些理念是可以参考的。

对农田土壤保护价值较高的县（市、区、旗），应加大财政资金转移支付力度，并将农业综合开发、高标准农田建设、农田水利建设等资金向其倾斜，使这些县（市、区、旗）降低发展工业的冲动，集中精力生产优质农产品，确保包括粮食在内的农产品安全，稳固国家长治久安的基础。

对决定要开展污染治理的地块，应建立项目库，确定优先施工序列，尤其是对污染耕地，宜先从污染程度较轻的地块着手，在资金有限的情况下，立足于投入少、见效快，最大限度地恢复耕种面积。对极少量污染严重的耕地，在不影响粮食安全的前提下，列入最后治理计划，财力允许时再处置。

四、正确处理总任务与分类管理的关系，根据类别施策。

"土十条"提出了污染耕地和污染地块的安全利用率指标，按 2020 年和2030 年两个阶段控制，任务非常明确，最终要达到全面改善土壤环境质量，实现土壤生态系统良性循环的目标。

总任务的如期完成有赖于合理分解，只要分担板块无缝对接好，整体就是完美的。土壤环境质量是否安全并不是对应唯一的标准值，而是与土地利用类型密切相关。宏观上，要在全国分好地类，再分类确定相应的土壤环境质量标准。目前，这个体系是存在较大缺陷的，比如种植苹果、柑橘、梨等水果的旱土或林地，其质量标准就要与种植用材林的旱土或林地有差别，这种细分很有必要，但我国幅员辽阔，技术方面的挑战相当大，短期内难以取得突破性进展。

在详细分类土壤的条件还不成熟的情况下，宜按目前的行政管理关系分头落实主体责任和监督责任。例如，耕地应由农业部门牵头，负责研究土壤质量标准和对应的农产品质量标准；林地则由林业部门牵头，工作内容与农业类似；水产养殖既要调查池塘底泥污染，也要关注岸上种植鱼草土壤的环境质量安全；牧业涉及牧草、牛奶、肉制品等的安全标准；住建部门则对建设用地的土壤环境质量把关；质监部门对发布标准的质量负责；环保部门除了责无旁贷地监视污染企事业单位周边的土地，更要承担起综合管理职责。由此可见，分部门管理土壤环境质量的格局形成后，各部门的主体责任明确了，总监督责任则落在环保系统，防止各部门自说自话，封闭运行。

土壤环境质量总是相对于其利用性质而言的，离开土地利用性质谈土壤环境质量安全与否是没有意义的。通俗地讲，一块耕地有污染，已不适宜种植农作物，但在其上建一栋别墅是绝对安全的。因此，评价一个地块的土壤环境质量状况，首先要确定其使用性质，尤其是对土壤污染修复行业，修复后的土地用于什么目的一定要先设定。不同土壤污染修复技术，其成本、修复周期、残留毒性、污染物存在形态等都是不一样的，必须与日后的用途结合起来。

将全国土壤使用状况分类后，在每个类别内可进一步分污染等级进行管理。以耕地为例，未污染和轻微污染土壤划为优先保护类，轻度和中度污染土壤划为安全利用类，重度污染的列入严格管控范围。只要每个部门对管辖范围内的土地的污染状况如数家珍，全国的土壤污染也就处于掌握之中，并有利于实施针对性强的防治对策。

五、正确理解政府责任与排污企事业单位责任的关系，及时治理污染。

我国的土壤污染较为严重且分布广，与排污企事业单位不正常履行污染治理主体责任有密切关系。排污企事业单位生产期间，连续排污却不承担治理主体责任，一旦关闭，烂摊子全部留在当地，其所上交税收可能还不及治理污染土壤的费用。利润进个人口袋，污染治理资金却由政府承担的局面不能再延续。"土十条"也强调落实排污企事业单位的主体责任，要求其加强内部管理，将土壤污染防治纳入环境风险防控体系，严格依法依规建设和运营污染治理设施，确保重点污染物稳定达标排放；造成土壤污染的，应承担损害评估、治理与修复的法律责任。同时明确，责任主体发生变更的，由变更后继承其债权、债务的单位或个人承担相关责任；土地使用权依法转让的，由土地使用权受让人或双方约定的责任人承担相关责任；责任主体灭失或责任主体不明确的，才由所在地县级人民政府依法承担相关责任。

根据"土十条"规定，"谁污染、谁治理"的主体责任模式已形成完整闭环，并对如何延续、转移其主体责任约法三章，关键需要地方人民政府监督到位。如果排污企事业单位主体责任长期缺失，土壤污染问题不断累积，最后可能迫使当政人民政府买单，这种恶性循环从现在开始要得到遏制，只有将土壤污染日产日清、月产月清或年产年清，土壤资源才能永续利用。由此会加重排污企事业单位的资金压力，但这是基本职责，退让不得。

地方人民政府只有主动行使监督责任，不让土壤污染加重，才能避免成为最后的买单者。在当前形势下，土壤污染治理主要走两条路，一条路是让有能力的排污企事业承担主体责任，自行还债；另一条路则是由财政资金支持，治理无主的污染土壤或帮助有困难的排污企事业单位。从事土壤污染治理或修复工作的企业行业也要调整发展策略，不仅服务于政府项目，还要善于从市场找项目，发掘排污企事业单位治理土壤污染的潜力，走第三方治理模式。

六、正确处理输入性污染与高背景值的关系，防止投资失误。

造成我国土壤污染的原因复杂，其中自然背景值高是不少地区或流域土壤重金属等含量超标的主要原因。对此，要严格鉴定，对自然高背景，当地人群已在长期进化过程中基本适应，不能抱着人定胜天的态度，非得把超标指标降下来。这种掘地三尺的土壤治理，投入大、周期长，除非发生了地方病，一般不提倡。

如何区分输入性污染和高自然背景值？如果是外界输入的，污染物向下扩散，因此由土壤表层及里，污染物浓度越来越低，达到一定深度就安全了；而高自然背景值污染，由土壤表层及里，污染物浓度相对均匀或越来越高。根据土壤剖面监测结果，分析两种类型污染的浓度垂直变化趋势是完全可以断定污染原因的。

污染土壤的分析技术复杂，尤其是镉，很多实验室表明其准确定量的难度大。因此，对处于超标临界状态的数值要格外慎重，避免错判土壤污染状况而带来投资失误。

土壤是万物之母，加强保护和治理义不容辞。与土壤打交道的行政管理部门很多，一定要形成工作合力。这个道理很简单，只有每个部门努力，才能从不同角度作出贡献，确保摆上餐桌的一碗白米饭是安全的。为了这个共同的目标，应摒弃一切部门利益，分头守好自己负责的关口，杜绝污染从口入。

落实"土十条"要扭住排污单位牛鼻子

罗岳平　骆　芳

我国的土壤污染问题与排污企事业单位长期不正常履行污染治理主体责任有密切关系。在很长一段时间里，排污企事业单位连续排污却不承担治理主体责任，造成利润进企业口袋，污染治理资金却由政府承担的局面。

排污企事业单位的生产活动是污染土壤的最活跃因素，落实"土十条"，要扭住排污企事业单位这个牛鼻子，发挥其主力作用。

国务院 2016 年 5 月 28 日印发的《土壤污染防治行动计划》（以下简称"土十条"），对排污企事业单位的主体责任进行了完整界定，并按"事前严防，事中严管，事后严惩"的思路，全方位对排污企事业单位污染土壤的行为提出了管控措施。

首先，"土十条"对排污企事业单位的主体责任提出了原则性要求。例如，要形成政府主导、企业担责、公众参与、社会监督的土壤污染防治体系；2017 年底，出台工矿用地土壤环境管理等部门规章；确定土壤环境重点监管企业名单，实行动态更新，并向社会公布等。

其次，提出了从源头预防企事业单位污染土壤的措施。要求强化空间布局管控，鼓励工业企业集聚发展，提高土地节约集约利用水平，减少土壤污染。具体包括：排放重点污染物的建设项目，在开展环境影响评价时要增加对土壤环境影响的评价内容，并提出防范土壤污染的具体措施；需要建设的土壤污染防治措施，要执行"三同时"制度；对优先保护类耕地，除法律规定的

259

重点建设项目选址确实无法避让外，其他任何建设不得占用等。

第三，规范对正在运行的排污企事业单位的管理。要求排污企事业单位加强内部管理，将土壤污染防治纳入环境风险防控体系，严格依法依规建设和运营污染治理设施，确保重点污染物稳定达标排放；重点监管有色金属矿采选、石油加工、化工等行业；重点行业企业要根据有关规定，向社会公开其产生的污染物名称、排放方式、排放浓度、排放总量，以及污染防治设施建设和运行情况，每年自行对其用地进行土壤环境监测并向社会公开等。

最后，对排污企事业单位关闭后受污染土壤的处置做了安排。要结合推进新型城镇化、产业结构调整和化解过剩产能等，有序搬迁或依法关闭对土壤造成严重污染的现有企业；坚持"谁污染，谁治理"的原则，对造成土壤污染的企事业单位，要求其承担损害评估、治理与修复的法律责任，并且明确规定，责任主体发生变更的，由变更后继承其债权、债务的单位或个人承担相关责任等。

综上所述，为确保不新增土壤污染，逐步消除历史土壤污染，笔者认为，排污企事业单位应在以下方面作出努力。

一要牢固树立预防为主的理念，谨慎选址。土壤的物理特性决定土壤极易被污染，而土壤污染是个不断累积的过程，一般不易为人们所觉察。跟大气和水体比较起来，土壤对污染物的容纳能力要大很多，但土壤一旦被污染就很难清除。并且土壤治理技术复杂，投入大，周期长，以污染土壤为代价获得的收益可能需要数倍甚至几十倍的治理投入来偿还。因而绝不能做这种饮鸩止渴的事情，要理性保护土壤资源，在禁止开发的区域，坚决不上土壤污染项目。在有些敏感地区，一定要发挥好环评的把关作用，安全落子，下好环境友好这盘棋。

此外，去过剩产能、清理僵尸企业等可能置换出大量的土地资源，如果其区位合适，是腾笼换鸟、产业升级的最佳选择。这样既能避免对腾空地的高成本修复，又能减少在其他地方开始新的土壤污染风险。

二要加强生产现场管理和治污设施升级改造，大幅削减排污总量。污染物从企事业单位生产区内扩散到周边土壤环境中，其路径各不相同。但总体上，没有排放就没有污染，每个企事业单位应针对自身情况加强分析，采取有效措施切断污染途径。尤其针对气型污染，生产区附近的土壤环境质量相对安全，反而是烟尘最大落地点，也就是在远离生产区的地带反而超标。因此，对气型污染的影响调查范围要适当扩大。

控制当前污染是现在进行时，也是投资性价比最高的主战场。每个污染土壤的企事业单位面临的生产现场管理问题都可能是不同的，只有以见招拆招的智慧才能消除污染隐患，而这个主体责任必须由排污企事业单位担当。此外，企业应积极对涉重金属落后生产工艺和设备进行技术改造，实际上，"土十条"也要求统筹安排专项建设基金予以支持。老、旧企业周边土壤可能已受到污染，技术改造可延缓进一步恶化的进程，从而为修复赢得时间并减轻压力。

三要妥善处理历史遗留污染。首要的是调查企事业单位周边的土壤污染现状，摸清其污染水平。对确实不再适合耕种的土壤，要向社会公布准确信息，保证相关人群的身体健康。对周边具有治理、修复价值的受污染土壤，自行投资，主动恢复其用途；或申请各种扶持资金，以众筹的方式启动治理工作。不管是采用哪种形式，都不能让被污染的土壤再沉寂。对大量堆存的尾矿、废渣等，先安全闭场，再积极探索资源化利用途径，逐步原位稳定化或外运处置，依靠科技进步消化这些污染存量。

四要完善基础资料管理，配合做好土地利用改性工作。由于各种原因，有些污染企事业单位不得不关闭后退出历史舞台。在彻底清场前，要重视各种基础资料的收集、整理和归档，以前的污染物分布、危险废物堆场所在地等都是日后确定调查评估方案、核算治理工程量等的重要依据，一定要准确掌握，妥善保管。

如何激活和把控好土壤修复市场？

罗岳平　高雯媛　华　权

在当前形势下，土壤修复不宜地毯式大面积铺开。应制订规则，优先释放部分土壤的生产潜力或人居价值，有选择性地开展污染土壤治理和修复工作。

国务院 2016 年 5 月 28 日印发《土壤污染防治行动计划》（以下简称"土十条"），对今后一个时期我国土壤污染防治工作做出了全面战略部署。"土十条"对污染土壤的治理与修复工作给予了足够重视，不仅在结构上设置了专章，而且对污染土壤治理与修复涉及的各个环节提出了具体要求。同时要求推动相关产业发展，逐步建立土壤污染治理与修复企业行业自律机制。

如何激活和把控好土壤修复市场？笔者认为，应做好以下五方面的准备。

第一，结合土地使用用途，摸清需要开展治理与修复工作的污染土壤的底数，评估市场规模。确定污染土壤治理与修复场地是最基础和最紧迫的环节。土壤污染如同人体生病，头痛脑热只要调整，断胳膊伤了腿才需动手术。精准识别土壤污染程度，确定哪些污染土壤是作一般性的改良处理，哪些必经治理和修复才能恢复使用价值的技术挑战极大。土壤污染程度全凭调查人员依据监测数据和风险评估标准作出实事求是的判断。对每一块受到污染土地的用途设计都要慎重，既不要把危害留给未来，也要避免过度治理，浪费投资。要将对污染土壤的治理与修复与其污染水平和最终使用用途紧密结合起来。

第二，完善污染土壤治理与修复的流程管理，储备污染土壤治理与修复实用技术。治理或修复污染地块一般包括调查评估、可行性研究和方案设计、工程施工、工程验收、跟踪管理等阶段，环环相扣。就国内污染土壤治理与修复来说，要开展标准化设计，建立完整的流程管理体系。只要开始启动治理或修复工作，就必须在这样的受控状态下循序进行。

将受到污染的土壤治理或修复到安全的水平需要巨大的投入，因此必须分类施策。要针对土壤污染程度，确定相应的实用技术。目前，可选用的污染土壤治理与修复技术并不少，但其应用都是有前置条件的，并不存在万能的通用技术，需要结合污染地块的特性作适应性调整。此外，对已完成施工的治理或修复项目，要建立跟踪监测机制，评价这一技术的长期稳定性。

第三，努力提高污染土壤治理与修复的综合效益。土壤安全不是一个绝对概念，是相对于其使用用途而言的。笔者认为，治理或修复的目标应以实现此地块功能正常为原则，打组合拳可达到事半功倍的效果。例如，对于建设用地，基本不会再被生物利用，可采用最简单的钝化技术，辅以硬化等物理隔绝技术，投资少且能保证环境安全。

第四，正确认识农产品安全理念。农产品安全取决于土壤环境质量和农作物品种两个因素，改变其中一个，或同时改变两个都会改变农产品的安全性。土壤治理与修复成本总体偏高，改变和调整农作物品种则见效快、投入少。配合适当的农艺管理，可能在低污染的土壤上种植出安全合格的农产品。

第五，积极推动农产品标准的修订和后评估工作。以稻米的镉含量指标为例，随着国人对肉类、牛奶等摄入量的增加，对于谷物类的食用量可能不及过去的1/3。因此，笔者认为，随着人体镉年吸收总量的下降，标准值也应该相应调整。目前，我国稻米镉含量标准为0.2mg/kg，而日本为0.4mg/kg。但实际上，我国很多地区集中在0.3mg/kg左右，笔者以为，如果将标准放宽至日本同样水平，很多土壤并不需要治理或修复。提高标准值的科学性，既保证了人体的绝对健康，也可减轻不必要的社会负担，值得研究。

总之，对确有治理或修复价值的地块，财政或污染企事业单位应该合理投入。但在当前形势下，土壤修复不宜地毯式大面积铺开。应制订规则，优先释放部分土壤的生产潜力或人居价值，有选择性地开展污染土壤治理和修复工作。

土壤环境状况要避免多头调查

罗岳平　田　耘　华　权

《"十三五"生态环境保护规划》提出，推进基础调查和监测网络建设，2017 年底前，完成土壤环境质量国控监测点位设置，建成国家土壤环境质量监测网络，基本形成土壤环境监测能力；到 2020 年，实现土壤环境质量监测点位所有县（市、区）全覆盖。

土壤污染家底不清给各项工作带来诸多不便。为弥补这方面的空白，环保、农业、国土等部门一直都在开展基础性的调查工作。

以环保系统为例，"六五"期间，在当时的城乡建设环境保护部的组织下，开展了"湘江谷地土壤污染重金属背景值调查"等攻关项目。"七五"期间，继续开展土壤环境背景值研究，样点数量超过 4 000 个。"十一五"期间，组织开展全国土壤污染状况调查，涉及面广，调查指标全面，获得了较为权威的资料。目前，例行监测网络基本建成，设置的土壤国控点位超过 3 万个。

其他相关部门对土壤质量状况也开展了调查工作，如国土部门开展了土壤地球化学调查，农业部门开展了耕地污染调查，粮食部门组织了稻米镉污染调查等。从湖南省对接的情况来看，历次调查结束后，各相关部门获得的调查总体结论基本一致，有着良好的相关性。

调查土壤污染状况在技术方面已经没有很大难度，现在突出的问题是，调查任务和资金多头下达，每个部门都按自己的技术规范布设调查点位、确定监测指标、选用分析方法和评价监测结果，因而面对同一地块，即便污染事实一致，表述也不尽相同。如果把各部门的调查数据集成汇总，就会出现网格不能重叠、指标不能对应、分析方法有出入、基本没有可比性的现象，无法实现资源共享。

事实上，一套数据可以由一个部门调查获得，按照保密要求在各个部门之间传递和共享。即便其他部门有调查需要，也应在已有工作基础上深化、拓展，而不是简单地重复调查一遍。

《土壤污染防治行动计划》要求建立土壤污染定期调查制度，整合优化土壤环境质量监测点位和提升土壤环境信息化管理水平，这为今后统一规划土壤污染调查工作指明了方向，提供了政策依据。

协调部门间的土壤污染调查工作，首先要加强顶层设计，规定好调查网格的起点，将全国版图按照合适的尺寸划分为固定网格，并成为各个部门共同遵循的标准。通过这种划分，每个调查地块都有了唯一的身份证信息，便于成果集成和今后调查回顾追溯。以后的调查结果都要汇总到该地块信息框内，有无变化一目了然。

其次，统一土壤样品分析方法。土壤是一种非常复杂的介质，分析难度较大。现行的标准分析方法中，除了一部分标准是各部门通用的国标之外，还有相当一部分分析标准方法分散在环保、农业和林业等部门行业标准中，前端的采样和处理也由各部门分头制订。

由于各部门制订时的出发点和工作侧重点不同，加上更新进度不一，这些标准在一些技术环节存在较大差异，如果不尽快规范，可能导致部门间、实验室间存在较大的分析误差。为使每次调查更逼近真值，并具备可比性，相关部门应开展技术会商，开展联合技术攻关，尽快统一分析方法，并上升为国家标准。

再次，确定科学的土壤监测指标。每次土壤调查都有其特定目的，分析指标不尽相同。为此，应将分析指标划为必测类和选测类两大部分。对于必测类指标，不论是何种调查都要分析；对于选测类指标，可以进一步再细分，确定好哪种专项调查适合选择哪些指标分析。只有相对固定了监测指标，才能为纵向比较打好基础。

最后，采用信息化手段管理土壤污染调查成果。历年开展的土壤污染调查，数据量和信息量都很大，若不进行科学管理，直接影响成果的应用。应开发一个开放式软件，将已有数据导入系统，整合目前成果，为每个部门授予管理权限，预留相应的登录账号。

对以后启动的调查任务，要按照新的信息化思路管理好数据。针对特定的调查地块，只要相关部门完成了阶段性的调查任务，就应及时录入相关信息。以后只要打开系统，就可实时查询哪些部门在这个地块调查过，以及调查的时段、监测的指标和监测结果等信息，实现全国一盘棋式的精细化管理。

土壤环境保护的最终目的是保证农产品和人居安全，而土壤环境污染状况是最基础的管理信息。在统一调查方法的前提下，监测土壤污染水平的任务应分解到各个部门，由其独立开展专业性强的综合调查，并明确总牵头部门，负责对各部门例行和专项监测数据的审核、汇总，同时按照保密程序将数据库向联席部门开放，这样既有了自己的信息，也共享了其他部门的成果，使决策依据更加充分。

第八篇

垃圾处理

强制推广生活垃圾分类

罗岳平　曾　钰

面对海量的快递垃圾，笔者认为，要实现快递包装的资源化利用，在加强宣传、引导快递公司减少包装的基础上，应在全社会牢固树立资源节约与环境保护理念，促使全民自觉、自主、自动地开展垃圾分类。

当前，对垃圾分类居民普遍存在看客心态：一方面，认为生活垃圾分类很有必要；另一方面，又觉得事不关己，甚至还有部分人认为垃圾分类难以成功，在实践上滞后拖延。鉴于此，笔者认为，必须树立资源和环境危机意识，经充分准备后，强制推广家庭生活垃圾分类。

总体来看，强制推广家庭生活垃圾分类的时机已成熟。第一，生活垃圾污染尤其是垃圾围城的严峻形势，决定了突破这个难题时不我待。对生活垃圾分类并进行资源化处理是消除生活垃圾威胁的唯一出路。

第二，城镇居民的文明程度能够支撑强制推广生活垃圾分类。现在，城镇居民的教育水平和环境、健康保护意识普遍提高，既直接感受到垃圾围城带来的诸多不适，又认识到资源短缺对经济社会发展的制约和环境破坏给健康带来的危险。很多人还了解了生活垃圾处理趋势和先进的生活垃圾分类处理体系。

第三，社会治理的精细化水平为强制推广生活垃圾分类提供了重要保障。很多城镇建立了网格化社会治理机制，对每个片区开展细致的综合管理，将生活垃圾分类工作板块嵌入进去，借此打通"最后一公里"。

第四，技术进步使居民对生活垃圾进行分类成为可能。我国的制造业已比较发达，不管是生活垃圾分类所需的大型机械设备还是各种材质、形状的垃圾桶和塑料袋等，都有能力设计生产并便于使用，完全能够满足生活垃圾分类收集、转运的技术要求。随着互联网和信息技术的发展，"互联网+"平台的建设和智能回收成套设备的应用也极大地方便了居民对生活垃圾进行分类。

最后，生活垃圾分类有成功的经验和模式可资借鉴。国外普遍对生活垃圾进行分类，将其模式作相应调整后即可在国内运行。上海、广州、杭州等城市部分社区的生活垃圾分类工作开展已久，运行效果稳定，对其模式进一步完善后可在其他地方复制、推广。

强制推广生活垃圾分类肯定会遇到较大阻力，要做好打持久战的准备，克服急躁情绪，步步为营，久久为功。综合运用多种手段，尤其要发挥经济杠杆的调节作用，体现谁污染、谁付费的原则。不仅要出台垃圾分类规章，也要出台垃圾分类处理规章，甚至用后续的垃圾处理规章倒逼源头垃圾分类。大量实践证明，开展垃圾分类只依靠教育引导是不够的，必须建章立制，通过严格的约束机制实现生活垃圾分类。

生活垃圾分类需加强系统设计

罗岳平　刘荔彬　熊孟清

垃圾分类处理是一项系统的社会治理工程，核心是按可操作的模式引导居民在前端将生活垃圾分好类，然后将物理分离出来的垃圾流转到合适场所完成后续处理，最大程度地资源化利用。

国家发改委、住建部 2016 年 6 月 15 日联合发布《垃圾强制分类制度方案（征求意见稿）》（以下简称《方案》）。根据《方案》，要按照生活垃圾"减量化、资源化、无害化"原则，建立健全政府主导、部门协同、市场运作、公众参与的工作机制。建设生活垃圾分类投放、分类收运和分类处理设施，强制公共机构和相关企业等主体实施生活垃圾分类。鼓励各地结合实际制定地方性法规，对城市居民（个人、家庭）实施垃圾分类提出明确要求，引导居民积极参与并逐步形成主动分类的生活习惯。同时，提高农村生活垃圾分类水平。

我国生活垃圾年产量 2015 年达 2.4 亿 t，且仍将以较高速度增长。生活垃圾中有很多可回收的成分，属于不可再生资源。如果不通过回收循环利用，这些资源就会被白白地浪费掉。需要从源头重新开采使用，进而加速资源枯竭速度。相反，如果提高垃圾的回收利用水平，形成物质和能量循环系统。那么，只需要对不足的资源进行适量补充，就能够步入资源节约、环境友好的良性轨道。

生活垃圾循环利用的前提是要进行垃圾分类。然而，"垃圾分类，从我做起"在很多地方沦为一种空谈，生活垃圾分类处理推行效果不佳。究其原因，一方面是市民个人的文明素质尚未养成，没有形成热爱环境、回收有价值资源、减轻对生存空间污染的自觉；另一方面，垃圾分类的硬件设施建设没跟上，部分市民有意愿将垃圾分类投放，但周围基础设施无法支撑。

当前，制约我国生活垃圾分类的是贯穿垃圾分类排放、收集、运输及处理处置全流程的协调行动。只有居民把垃圾从入口端分类投放，后面各环节按规则依次处理，相互衔接与督促，才能真正做到垃圾分类处理。如果垃圾的分类处理渠道没打通，垃圾进入分类处理系统后立即发生"肠梗阻"，在前端强制分类垃圾也就失去了意义。

由此可见，推广生活垃圾分类需要加强系统设计，重点是再造生活垃圾分类处理流程。两部委出台的垃圾强制分类方案要求推动建设一批以企业为主导的垃圾资源化产业技术创新战略联盟，鼓励通过公开招标引入专业化服务公司，承担垃圾分类收集、分类运输和分类处理服务，提高服务质量。笔者认为，这条指导意见实际上提供了战略联盟或协会统筹协调方案，相关专业公司要组成战略联盟或协会，各司其职，协调一致，总揽生活垃圾分类处理。

高效运行生活垃圾分类处理系统的最大困难在前端的分类投放、收集和分类。解决这个难题有两种选择，其一是欧美、日本等国模式，强调每家每户分类，公司只是定期定点上门收集，然后快速进入后面的分类处理轨道。其二是国内当前模式的改良。我们的城市并不是没有垃圾分类，非官方的垃圾分类实际上一直在运行，拾荒大军分拣回收了有经济价值的资源。但这种分类回收以市场价值为导向而非以资源价值为导向，需要改良。可以由社区、街镇牵头，由专业化公司在社区、街镇内组织二次分选，以此补充、强化和细化垃圾分类。

生活垃圾分类处理的另一个难点是资金问题。笔者认为，要按照谁污染谁治理或谁付费的原则，垃圾处理资金应由垃圾排放者负责。当然考虑到社会承担能力，也可考虑部分由财政补贴。此外，还可以考虑建立垃圾处理基金。基金的基本金可由垃圾排放者、财政筹集，也可部分来自公益捐款。资金分配应坚持谁服务谁受益的原则，明确垃圾处理的经营服务性质和公益性质，明确垃圾处理者的责任与权利，明确垃圾处理行业的平均利润。做到专款专用，合理分配到垃圾分类投放、收集、贮存、运输、处理处置各环节，促进垃圾处理全流程均衡发展，提高垃圾处理服务水平。

垃圾分类处理是一项系统的社会治理工程，核心是按可操作的模式引导居民在前端将生活垃圾分好类，然后将物理分离出来的垃圾流转到合适场所完成后续处理，最大程度地资源化利用。按一定原则分拣后的垃圾，每个流向都应有成熟的产业来承接，从而确保生活垃圾分类后对应的处理经济且高效。

政府主导是生活垃圾治理成功关键

熊孟清　罗岳平

我国生活垃圾日处理量目前已经超过2亿t，预计到2020年将突破3亿t。但生活垃圾处理普遍存在主体责任不清、处理方式单一、处理设施偏少且分布不合理、处理能力不足和处理费征收使用不科学等问题，导致生活垃圾处理效率与效益不高，有些地方出现"垃圾围城"困境，值得全社会高度重视，尤其要深思怎样进一步强化政府作用，保障生活垃圾治理可持续发展。

笔者认为，应从以下几点入手。

首先，要进一步强化政府的责任主体意识。生活垃圾治理是政府、社区、企业和居民等相关主体协同妥善处理生活垃圾并使其资源、环境、社会和经济等方面的综合效益极大化的活动，既有市场经济成分，又属于社会治理和公共服务范畴。生活垃圾一经排放，便从私有品转变成无主的且具有污染性的"公共资源"，如果处理不当，便会损害生态环境和人民健康。由此可见，生活垃圾治理具有公益性，政府必须承担起生活垃圾妥善处理的责任。政府要做好生活垃圾治理的管理者、执法者和服务者角色，一要行使公共权力做好政府社会管理、垃圾处理监管和执法工作，推动生活垃圾源头减量和按政府规定排放，确保已排放生活垃圾得到妥善处理，提高公共服务水平，保障公共利益不受侵害；二要参与垃圾处理服务，不只提供指导、引导、规范、监督服务，更要直接参与甚至掌控焚烧处理、填埋处置和应急管理等公益性较强的垃圾处理服务，保障公共服务供给。

其次，要进一步完善政府发挥作用的方式方法，包括程序、途径、手段和程度。总体来看，政府参与生活垃圾治理的途径主要有3种：政府独立承担、政府与合作伙伴共同承担和市场自由处理。政策性较强或公益性较强的环节，如建章立制、执法等由政府独立完成；政策风险较小且市场化指数较大的环节，如资源回收利用、垃圾运输则可完全市场化；具有一定的政策风险或公益性的环节一般由政府与合作伙伴共同承担，既消除政策风险、保障公益性，又提高垃圾处理效率。应具体分析生活垃圾治理环节，能交给市场的，政府应尽量委托企业承担，专心做好规划、宏观调控和监管工作，并综合应用政策支持、财政支持、人力支持和宣传教育等手段予以支持。目前，政府参与程序和程度方面有待进一步完善。程序方面既要体现自上而下的政府管理程序，也要体现公众参与的程序要求；程度方面要杜绝政府大包大揽、越位、缺位和不作为等现象。

再次，要进一步找准工作重点。当前，生活垃圾治理领域存在社会看客心态严重、规划编制与执行不力、垃圾处理体系不健全等短板，严重制约了生活垃圾治理水平的提高。要认真分析短板的成因，找准工作重点，有针对性的发力。尤其是对社会看客心态，需要政府立法，明确社会的公益责任与个人权利、多主体共存与互动机制等，并完善激励性机制和政策，树立起公益与权利相统一的利益观和价值观。

垃圾处理体系的完善相对简单，但需要政府克服短平快的政绩观、信息不完全与不对称等制约因素，发扬民主、包容、科学、创新，完善政策法规、标准和规划，因地制宜、因时制宜地推动生活垃圾源头减量与分类排放、物质回收利用、能量回收利用和填埋处置，实现垃圾综合治理。

最后，要加强生活垃圾治理基础研究，重点分析政府、社区、企业、居民之间的关系及其对市场和主体行为的影响。政府、社区、企业、居民4个主体之间的关系有几种形式：社区、企业、居民都只面向政府的单边关系，政府只面向社区而社区面向居民与企业的丫型关系，政府、社区、企业、居民形成的三角锥关系等。单边关系是一种政府垄断的关系，主要存在于计划经济时期；丫型关系发挥了社区自治作用，值得期待；三角锥关系是目前广泛存在的一种关系，但社区、居民、企业之间的关系明显弱于他们与政府之间的关系。不同的主体关系对治理体制及其运行机制、主体参与方式方法、垃圾治理的专业化、企业化、社会化、产业化以及行业监督规范等具有不同的影响，应开展比较研究，探索最有效的合作关系模式。

综合各地经验看，政府的主导作用是生活垃圾治理成功的关键，只有地方政府下定决心，各方面才会积极响应和配合到位，要充分发挥这个政治优势，推动生活垃圾治理步入健康轨道。

政府与企业合作加快生活垃圾处理

罗岳平　潘海婷　刘荔彬

生活垃圾处理属于典型的公益事业，需要投入大量的建设资金，并进行规范的日常运维管理。生活垃圾的收集、转运、处理等都在地表进行，点多、面广、量大，涉及产业复杂，需要精心设计和后期管理。

一座城市（镇）能够持续扩展，必然要建立一套与该城市（镇）生活垃圾产生量相匹配的收集、处理系统，否则城市（镇）内肮脏不堪，或者将生活垃圾污染输送到周边地区，为以后的环境污染纠纷埋下隐患。

有鉴于此，每座城市（镇）都要理性面对步步紧逼的生活垃圾危机，根据城市（镇）规模，量身定做科学的生活垃圾收集、分类转运和最终处置系统，确保该城市（镇）的物质流、能量流通畅，在更大范围内实现资源节约和环境友好。

生活垃圾是人为活动形成的富矿，里面有很多成分是放错了地方的资源，收集起来略作处理后即可循环使用。经济社会发展到一定阶段，必然会加强对这些可再生资源的开发，尤其是对没有资源可供挥霍的国家和地区，其社会关注和重视程度更高，对生活垃圾的资源化处理几乎达到了全部吃干榨尽的水平，彻底摆脱了垃圾围城（镇）的困扰。

当前，我国大部分城市（镇）处于被动应对生活垃圾污染的状态，各个处理环节之间靠自发联合，衔接远未达到理想程度。只有在当地政府的主导下，合理设计产业链，将生活垃圾中的有价值成分逐级分离并妥善处理，才能保证城市（镇）产生的生活垃圾不在城区外带来严重的次生危害。

我国的环境保护法要求地方人民政府对当地的环境质量负责。地方人民政府应依法承担起处理生活垃圾的主体责任，当好总设计师，调度相关部门各司其责，并利用生产企业的力量使生活垃圾按预定流程消化掉。

城市（镇）的生活垃圾处理需要系统设计。对每个城市（镇），首先也要有生活垃圾产生总量概念，再配套设计收集、转运系统，考虑单独或联合回收金属制品、塑料、纸张等可再生资源，并焚烧或填埋剩余垃圾。这套处理系统的规模必须依靠政府组成部门通过调查统计后确定，并指导相关企业按匹配的原则投资建设承接产业。

地方政府应鼓励国有或民营企业投资建设城市（镇）生活垃圾处理系统。首先，这类投资的市场风险小。只要城市（镇）在运转，就会有生活垃圾产生，企业生产不会出现市场消失的问题。其次，通过特许经营模式，企业投资可以获得稳定回报。最后，在当地政府的宏观管控下，相关产业有序共生，市场竞争压力小。

城市（镇）生活垃圾处理的潜力被激发后，一定要从战略定力的高度，发挥好政府主导发展和企业自主经营两个作用。政府应制定好控制性规划，细分产业结构，发布投资信息；企业则结合自身优势，从熟悉的领域切入，贴心服务于城市（镇）居民生活。

城市（镇）的可持续发展必然要求科学应对生活垃圾污染危机，组织相关产业集群发展是最佳选择。无数成功的案例表明，城市（镇）生活垃圾的消化是有对策的，总体方案基本一致，只是在实施规模上有差别。企业应迅速行动起来，支持地方政府向生活垃圾污染开战。

生活垃圾分类处理须建好配套

罗岳平　刘荔彬　熊孟清

国家发改委和住建部于 2016 年 6 月就实行生活垃圾强制分类制度征求意见。根据方案，要按照生活垃圾"减量化、资源化、无害化"的原则，建设生活垃圾分类投放、收运和处理设施，引导居民积极参与并逐步形成主动分类的生活习惯。

通过广泛的宣传教育，生活垃圾要分类的观念逐渐深入人心。然而，"垃圾分类，从我做起"在很多地方仍沦为奢谈，推行效果不佳。究其原因，一方面是市民个人的文明素质尚未养成，还没有形成热爱环境、回收有价值资源、减少对生存空间污染的自觉；另一方面，垃圾分类的硬件设施建设没跟上，部分市民有意愿将垃圾分类投放，但周围基础设施无法支撑。可见，推进我国生活垃圾顺利分类，关键在于垃圾收集、转运及最终处置等基础设施的设计和建造。

两部委出台的方案要求推动建设一批以企业为主导的垃圾资源化产业技术创新战略联盟，鼓励通过公开招标引入专业化公司，承担垃圾分类收集、运输和处理服务。这实际上提供了两种思路：一是由集团公司总揽整座城市的生活垃圾，投资建设工厂消化掉城市产生的垃圾；二是以专业联合的方式将垃圾收集、分类，并分送不同工厂处置和资源化利用。

城市的生活垃圾分类处理系统要想高效运行，真正难在前端的收集和分类。解决这个难题有两种选择：一是欧美、日本的模式，强调每家每户分类，公司定期定点上门收集，然后进入后续分类处理环节。二是对国内当前模式进行改良。我们的城市并非没有垃圾分类，现实中的垃圾分类实际上一直在运行——前端混杂的垃圾在填埋场撒开后，拾荒大军立即分拣掉其中有价值的资源。这种末端分类要么继续原地开展，不对居民家庭垃圾分类提更多要求，而是对垃圾分拣场地实现公司化分选；要么将分拣环节前移到社区，由专业化公司靠前代替居民家庭完成垃圾分类。

上述两种方式都有推广基础。作为一种行为习惯的养成，如果教育与监督、惩戒多管齐下，强制居民家庭分类垃圾在较短时间内可以取得成效。若考虑社会管理难度，放弃引导居民家庭分类垃圾，而购买全过程的垃圾分类服务，在经济技术上也是可行的。

垃圾分类处理是一项复杂的系统工程，当务之急是要加强顶层设计，根据生活垃圾分类后的流向建设好各种配套设施，确保混合垃圾进入分类体系后，各成分按预定路径走向归宿。总之，没有硬件设施的支撑，生活垃圾分类就会停留在理论层面和动员阶段，无法向前推进——在这方面，既可参考国外先进经验，也可立足国情自主设计。

小区物业可承担垃圾分拣的角色

罗岳平　田　耘　刘妍妍

对生活垃圾的处理可分为两个阶段。第一阶段为物理过程，即将生活垃圾按类别分拣开来，并各自流转到相应的处理场所；第二阶段以化学过程为主，通过焚烧处理、重新制浆等过程实现有价值生活垃圾的物质再循环。将生活垃圾物理分离主要靠居民习惯的养成和便利、高效垃圾收集体系的构建。对分类好的生活垃圾进行化学处理则是专业公司所擅长的，只要有足够的原料来源和合理的利润回报，吸引社会资本投资是有保证的。

生活垃圾处理有三个关键点，即有规模的分类垃圾收集存放点、转运环节和最终处置场所。三者的核心在于物理分离后获得的各类垃圾要有一定的规模，从事收集、转运业务的公司才有合理的利润。

分类后的生活垃圾如何最有效地流转到集中存放点？主要有两种解决方案，一种是国外进行的，每天只允许扔一类垃圾，同类垃圾积少成多，收集运输业务比较单纯，成本也最低，但该方案在我国落地生根转化为居民的行为习惯还需要较长的周期。另一种方案是小区物业公司不对居民提垃圾分类的要求，由保洁人员在指定地点人工分拣出可回收有价值的垃圾及有毒有害废弃物，剩余则被焚烧或填埋。小区物业公司聘请保洁员进行垃圾分类，实际打通了垃圾处理的任督二脉，此后的衔接工作就顺畅了。

小区物业是生活垃圾自居民楼进入街道路面的必经通道，控制住该战略要点，生活垃圾的减量化和资源化就会收到事半功倍的效果。如果人工分拣到位，每类垃圾的产生量估算相对准确，运输公司就可调整收集频次、车辆载重和收集路线，以最低成本完成转运工作。小区物业一般都建有垃圾中转站，很多是地埋式。如果稍加改进，在中转站旁增加一个分拣操作平台，方便保洁员使用铁钳等工具，很容易就能实现生活垃圾在分类后再出小区大门的目标。

现在的城镇已经建了不少简易垃圾焚烧炉，由于没有配套开展垃圾分类，将所有垃圾全部投进炉内，且由于炉温较低，焚烧过程中必然会排放有毒有害气体，带来二次污染，引发污染投诉。建议增加炉前垃圾分拣环节，在垃圾进炉前，安排人员轮流值班，将塑料、纸张等有回收价值的垃圾分拣，其售卖所得用于补贴劳动力成本，取得的环境效益则更明显。

垃圾围城（村）的现象令不少有识之士痛心疾首。要解决这个难题，技术并不是障碍，观念转变和完整处理流程设计是关键。这就需要以城市为单位构建收集、转运、处理体系，封闭运行，使每类生活垃圾按其固有渠道流动、处置。在国外，生活垃圾分类处理的利润较高，有的甚至被某些集团垄断。生活垃圾是城市（镇）发展的副产物，是城市的负担，但只要引导得当，会是一个清洁产业，既消灭了污染，又创造了产值。排泄系统不通，人就会不舒服甚至生病。同样地，生活垃圾没有妥善处理到位，人类活动废弃物四处散布，城市（镇）面貌就会大打折扣。在我国全面建设小康社会攻坚之际，集中智慧，全民和各级政府向生活垃圾污染宣战正当其时。

依法推动胜于简单说教

罗岳平　周湘婷　曾　钰

　　垃圾围城、垃圾毁村的现象在一些地方触目惊心。遍地垃圾，不仅会破坏景观，散发的恶臭也直接危害人体健康，渗漏的有毒有害物质还会产生二次污染。

　　事实上，垃圾围城现象在西方国家现代化早期也都发生过。垃圾的危害达到一定程度后，引起全社会警觉并及时采取应对措施，使恶化趋势得到有效遏制。垃圾分类回收是全世界遏制垃圾危害的通行做法。日本、德国、意大利等国家制订了严格的垃圾分类办法，对国民从小就开展教育，所有市民自觉按要求分类垃圾，杜绝了城市的脏乱差现象。

　　例如，在日本，垃圾分类已经成为日本民众刻入脑海、融入血液的基本生活习惯。以一个纯净水瓶为例，瓶盖、瓶身上的包装纸、瓶体本身分属于不同的垃圾，需要投入不同的垃圾箱。笔者在日本参观一家废旧汽车拆卸厂时看到，车辆拆卸后部件被分类回收，技术负责人介绍说，一辆汽车的回收利用率最低95%。由此可见，通过分类回收，很多资源可以循环使用，促进了可持续发展。

　　而在中国，即使是专业的环保工作者也很难意识到要对这些生活垃圾进行如此细致的分类处理。很多群众甚至只是感受到了社区里的垃圾影响观瞻、恶臭难闻，并未深刻认识到垃圾已无地可处理，正在演变成为复杂的环境问题，进而成为社会问题。很多群众甚至还在以一种事不关己的态度任意抛撒垃圾。

笔者认为，扭转这种被动局面，既要依靠宣传教育，引导大家正确认识垃圾问题，也要从更高层面加强设计，用法治思维推动我国的垃圾分类处理工作。

在实际工作中很多人都有这种体会，团队里的成员素质高，又有好的主题来凝聚人心，那么只要宣传教育到位，就能团结力量实现预期目标。但在更多情况下，团队里的人员组成复杂，努力目标多元，没有强制力，难以获得共识，行动一致。垃圾分类是一项典型的群众运动，涉及面广，情况形形色色，要实现从随手一扔到细致分类的转变，绝非朝夕之功，甚至会遭到很多人的抵制。因此，开展好垃圾分类处理，既要设计好简洁、方便的分类收集系统，也要借助法制保障强制实施。

完成垃圾分类处理并不需要高科技，主要涉及生活和行为方式的转变。制订垃圾分类细则并不难，关键是每家每户每个人要执行到位。根据我国社会现状，不下决心强制执行，就不会自觉实施。依靠教育实现这种转变，过程太漫长，可能要付出相当大的资源、环境和土地代价。相反，规范行为后，举手之劳就会创造巨大财富。因此，将垃圾分类纳入《治安管理条例》等法律体系是必须的。

将垃圾分类处理上升为法制层面并非小题大做。垃圾是一种富矿，与其花巨资源源不断地购买原材料，还不如开发身边的可再生资源。垃圾已侵占了很多土地，带来了严重的次生污染，必须控制垃圾增量，给可持续发展留下良田。

农村生活垃圾如何处理？

罗岳平　周湘婷　高雯媛

《美丽乡村建设指南》从 2015 年 6 月 1 日起实施，提出了包括生态环境在内的 21 项量化指标，其中要求生活垃圾无害化处理率达到 80% 以上。由于这项指标与农户的日常生活和行为习惯息息相关，需要持续实施和提高，有可能成为较难达到的指标。为此，笔者认为，要认真研究农村生活垃圾的来源、减量途径，减轻农村生活垃圾污染。

从本质上看，现在农村的生活垃圾在构成上与以前农村相差并不大。农村生活垃圾总体上可划分为村内产生和村外输入两部分。

村内产生的垃圾，主要是从农田产生的，绝大部分是生物质类型的，可循环回田。村外输入的垃圾，包括电器、电池、报刊纸张、玻璃制品、塑料包装等。现阶段，农村外出务工较普遍，留守人员减少，村内产生的生活垃圾量相应下降。随着生活质量的提高，村外输入部分在增加，特别是塑料袋，因为容量大，携带方便，在农村大量使用，成为农村最普遍的生活垃圾之一。

农村生活垃圾污染严重，主要有两个原因：

一是村民环境意识不强。当前农村环境宣教工作还没跟上，村民缺乏保护环境的自觉性。

二是农村生活垃圾收集、处置体系不适用、不便民，特别是设计不科学，易使其成为摆设，无助于农村生活垃圾减量。有的地方甚至出现村民使用塑料垃圾桶盛米的现象。

防治农村生活垃圾污染，笔者有如下建议：

农村生活垃圾与生产垃圾同步处理。对盛装农药的玻璃瓶或塑料瓶，宜在村头出行要道处设集中堆放池，督促农民打完药后将其携带回来丢入池内，避免残留农药污染环境。对农用薄膜，则鼓励农户在田间洗除上面黏附的泥土后，带回家中与其他塑料制品一起收集处理。

农村固体生活垃圾收集箱设计要有农村特色。农户不缺地，垃圾箱尺寸就要比城市的大。农村金属、玻璃瓶、纸张等的使用量有相对固定的比例，每类垃圾的箱体应有所差别。成套设备设计者要深入农村，与村民同吃同住，丰富设计理念，提高产品的实用性。

生物质沤肥池与外运垃圾收集系统分开。实际上，每个农户家都有现存的沤肥池，只需要整理一下。有条件的地方可以用水泥进行硬化。在沤肥池旁交通便利的地方，安装外运生活垃圾收集箱。

充分利用好财政资金。地方财政对农村生活垃圾处理给予了金额不等的支持，这些资金宜优先用于生活垃圾收集设施建设、生活垃圾转运等方面。

加大对村民的宣教力度。有的乡镇为村民印制了精美的教材，但语言过于学术化，实际效果较差。面向村民的宣传材料，一定要通俗易懂。比如做成挂图，可以对照着完成生活垃圾分类。

谁是农村环境综合整治主体？

罗岳平　毕军平　骆　芳

农村环境综合整治近年来给很多地区的农民生活带来了较大变化，但随着时间推移，一些整治项目出现停运、工程设施晒太阳等情况，一些地方污染再次返乡。为何出现这种现象？笔者认为，主要原因在于农村环境综合整治的长效机制并未完善，相关人的权利、义务未进一步理顺。

在一些地方，由于思想引导不到位或政府大包大揽的工作方式，农户往往会产生一种错觉，认为农村环境综合整治是政府工程，是政府必须要完成的工作任务。因此，在农村环境综合整治项目开展过程中，一些农户只是被动配合，甚至提出其他不合理要求。整治项目结束后，这类村庄很快就会恢复污染原貌。

在一些地方，政府对农村环境综合整治的介入只是简单的重金投入。但财政资金投入越多，一些农户的依赖性越强。依靠财政投入模式的运行维护成本高，很多地方尤其是中西部贫困地区的县级财政往往难以支撑。此外，重金投入模式容易引起不正当竞争，并导致整治工作不均衡。

在笔者看来，政府的主要职能不应是资金投入，而应是鼓励引导。政府应积极宣传推广农村生态管理模式，选择基础比较好的村庄建设示范工程，达到"点燃一盏灯，照亮一大片"的效果。

农村环境综合整治，固然体现了领导的政绩，但直接受益的是广大农户。农户享受了生存空间改善产生的环境效益，提高了生活质量。对农村环境综合整治来说，财政资金固然要发挥四两拨千斤的巧力，但农户也应积极参与资金筹措。

农村环境综合整治以农户投入为主，与工业企业"谁污染、谁治理"或"谁受益、谁付费"是一脉相承的。农村污染来自每家每户的排放，一个农户就是一个独立的污染单元，也是相应的治理主体。按照"谁受益、谁付费"的市场经济原则，农户要约束自己的生活行为，尽量少制造环境污染；对必须开展的环境整治工作，应按购买环境服务的方式支付资金。

笔者认为，组织农户通过众筹的方式进行综合治理，并不是巧立名目摊派，而是一种督促农户履行环境保护责任的有效途径。

从农村现实情况看，农户主动投钱开展村庄环境综合治理并不是非常困难。如果不考虑劳动成本，配齐污水四格净化池、垃圾桶等全套设施，每户投入不超过 3 000 元，如果每年再投入不足千元就可以实现污染治理设施正常运行。

据笔者了解，农村环境综合整治项目运营维艰并不是由于投入太大，农户不能承受，而是由于对农户教育、引导不够，没有使其深刻认识到这种投入的必要性，农户出钱的自觉性未有效激发。

复杂的农村环境污染问题是由细小的、具体的污染行为构成的。只有抓住农户这个主体，约束其污染行为，才能遏制农村环境污染的趋势，并通过综合整治还清历史欠账。笔者认为，就每家农户的生活污染治理而言，应比照工业治污理念，对农村污染治理逐步提出明确要求。应规定新建农村住房，必须配套建设生活污染治理设施。当然，对确实有经济困难的农户，在制定长效运行机制时要给予合理照顾，给予一定的经济帮助。对有能力的农户，要引导其建设并完善治污设施，减少排放污染物。

农村环境综合整治要落到实处

罗岳平　黄河仙　黄钟霆

　　农村环境综合整治试点工作开展以来，农村生活环境变得整洁，农民生活质量得到提高。如何使农村环境综合整治落到实处并长效运行？笔者认为，应做到以下几点。

　　首先是农村饮用水水源地保护工程。饮用水水源地是户外不带盖的水缸，如果被污染了，室内水缸也不可能干净。讲清这个道理，划分保护区范围，种上绿化带或安装护栏等都会得到农户支持，而且是一劳永逸。

　　在南方地区，多年来的实践表明，四格净化系统出水水质良好，既可用作农业浇灌，排入环境中也安全。一体化四格净化装置，运行简单，只需定期在第一格掏沉淀物，最后一格舀积水。测算下来，一年投入 100 元，房前屋后的黑臭水体就消失不见，取而代之的是整洁的环境。小联片的湿地、氧化塘等处理系统，因为需要后期养护，农民自己缺技术，打理不好；规模环保公司对这种利润不高的小业务兴趣不大，导致不少湿地、氧化塘等晒太阳。建议多采用单户或小规模联户四格净化处理系统，有利于后期长效稳定运行。

　　其次是畜禽养殖废水治理工程。畜禽养殖污染和工矿企业污染本质上一样，只是在污染物种类和污染方式、范围等有所差别，需要在新环保法的约束下，按照谁污染、谁治理或谁污染、谁付费的原则承担治理主体责任。但养殖业污染治理又有其特殊性，主要是养殖业规模小，生产不稳定，尤其是养殖业主不熟悉污染治理技术，往往心有余而力不足。这就要求畜牧水产部门加强规划控制，使养殖场远离敏感目标，同时指导养殖业主如何治理生产废水。环保部门要履行好监管责任，严格处罚超标排放行为。养殖业废水治理虽然也是农村环境综合整治的重要内容，但应明确主体责任和监督责任，让养殖业主承担起社会责任。

农村垃圾污染是困难最大的综合整治工程。农户每天都在产生生产、生活垃圾，需要建立长效机制、按日产日清的原则及时清运。笔者在调研时发现一种较好的模式，即由村委会根据片区划分情况聘请 5～8 名保洁员。在工资待遇方面，村委会固定每月对每人支付 800～1000 元，每位保洁员卖废品所得全部归个人，村委会再配套奖励 50%，从而鼓励保洁员最大程度地回收可再生资源。在工作方法方面，每名保洁员定时上农户家收袋装垃圾，转运到村垃圾集中分拣中心完成分类，可卖废品的保存到保洁员个人仓库，必须外运出村的垃圾则进行打包，定期由乡镇运走。这种模式的最大优势在于，全村只要培训几个保洁员，由他们代替每家每户完成分类，从而将需要外运出村的垃圾量降到最少。另外，每位保洁员会影响、带动自己服务的100～150 户。保洁员为了分类方便，会告诉农户哪些垃圾需要留在户外堆沤有机肥，哪些需要装入袋中被运走。类似农村垃圾收集模式还有很多，虽然都不是最终解决方案，但在每个过渡阶段都可发挥相应作用。

农村环境综合整治是一项系统工程，主要困难在于涉及面广，参与者总体素质不高。然而，只要将整治任务科学分析，合理分解，发现亮点，及时总结，全面推进并不是遥不可及。

农村生活垃圾处理的
南洲村模式及其思考

罗岳平　潘海婷　易庆安

农村生活垃圾的处理处置长期困扰着各级政府和广大农民群众，垃圾围村、垃圾入河入塘或堆弃于房前屋后等成为破坏农村环境的老大难问题，也是农村环境综合整治的重点与难点。湖南省被环保部、财政部列为 2015 年全国唯一农村环境综合整治全省域覆盖试点省，为提高整治效成效，实现农村生活垃圾减量、分类、资源利用、无害化处理的目标，探索一条高效、可操作性强的路径尤为迫切。宁乡县金洲镇南洲村进行了有益的尝试，形成了"垃圾不入池，垃圾不出村"的新模式。

一、南洲村的生活垃圾处理模式

宁乡县金洲镇南洲村是长沙市环境卫生十优村、金洲镇美丽乡村建设示范点。该村现有 17 个村民小组，952 户 3 280 人，辖区面积 12km²。多年前，与其他村庄一样，村内产生的生活垃圾多被村民随意丢弃、露天堆放或分散焚烧等，既对土壤、水体、空气造成了污染，还存在传播疾病的风险，特别是破坏了农村山清水秀的自然景观，侵占良田。从 2007 年起，村里建起了 168 个垃圾池，但垃圾入池后，长时间堆沤腐臭气味大，且转运耗费大量人力财力，处理效果与清洁家园的标准仍有较大差距，群众还是不满意。为此，该村提出了"垃圾不入池，垃圾不出村"的奋斗目标，从 2015 年 5 月开始，将全村划分为 5 个片区，每个片区配 1 名保洁员，并为其购置 1 台小型电动运输车，要求每天挨户收集经过村民初分的垃圾。户分类的基本要求是建筑垃圾就近处理，如填路基等；菜叶残食等生物堆沤，获得的肥料回田；出户垃圾要用塑料袋装好并封口。保洁员将收集到的袋装垃圾用电动车运至村里筹资建设的 400m² 垃圾分拣中心，5 位保洁员各自在分拣中心完成二次分拣，将可回收物资堆存到自己的仓库，定期联系外售，收入归个人。剩余的垃圾用该村自行设计的焚化平台处理。笔者在现场看到，整个南洲村村容干净整洁，可视范围内看不到垃圾。

二、南洲村模式顺利运行的关键

南洲村模式引起了广泛关注，并受到爱卫、环保、科技等部门的高度评价，运行至今，吸引了众多省内外乃至国外团队前来考察学习。这个模式之所以能够稳定运行，在于合理地解决了几个关键问题。

1. 理顺了农村生活垃圾分类处理的流程

垃圾是放错了位置的资源，通过分类，大部分垃圾得到了循环使用或回收，只有最少量的垃圾需作焚烧或填埋等无价值处理。南洲村首先在农户家里完成源头减量，其将生活垃圾分为三类，第一类是无害的建筑垃圾，其产生是间歇式的，若产生了，就地作路基等填埋，既消化了垃圾，又夯实了路基，一举两得；第二类是菜叶残食等有机质垃圾，数量较大，但就近沤肥处理，既满足了鸡鸭养殖业的部分需要，又使有机肥回田，是最安全的施肥方式；第三类是不能就地消化的垃圾，交由保洁员作专业处理。

保洁员在跑第二棒时实现了垃圾的回收价值，每个保洁员将户分类后的垃圾收集，集中摊开，分拣其中的金属、玻璃瓶、纸张等可回收垃圾，在自己的仓库分类堆放，定期约人上门收购，获得一定的经济收益。分拣后残存的垃圾是属于村内无法消化的垃圾，量已很少，应外送处理，但南洲村土法焚烧，尽管做到了垃圾不出村，然而产生了水、气等新的污染，应进一步完善。

2. 建立了健全的保洁人员体系

垃圾分类处理对人员素质要求很高。南洲村聘请专门保洁人员，建立了相应的考核奖励机制。一是配齐保洁员。根据全村的地理位置、村道公路、塘坝和居民户数分布等情况划分5个片区，每个片区聘请1名热爱环卫工作、责任心强、身体健康、懂驾驶的村民作为保洁员，实行每天8h工作制，上门逐户收集垃圾。村里对保洁员的工作实行"月考核"，发放每月基本工资1 200元。二是组建环境卫生监管队伍，17个村民小组均成立了由党员、组长、村民代表成立的监督队伍，对保洁员工作进行监督，即"月督查"。三是采取措施调动保洁员的积极性。第一项举措是村里根据考核监督结果定期评选优秀保洁员，并奖励200～400元；第二项举措是村里明确规定，保洁员分拣出售可回收垃圾获得的收入归个人所有，并按1∶0.5配套奖励。如此双管齐下，每个保洁员的月收入在2 000元左右，提高了他们的工作积极性。队伍稳定保证了垃圾的有序流动，就不会出现积压现象。

3. 打造了有利于垃圾分拣的工作平台

该村投资26万元建设了一个垃圾分拣中心和一个垃圾生态焚化平台。考虑环境影响因素，该分拣中心和焚化平台建在村里的黄土岭山上，与村民居住集中区相隔了一定距离。分拣中心占地约400m²，设置存放可回收废品的仓库，每个保洁员一间，每间仓库内划分纸箱区、瓶罐区、塑料泡沫区、废旧金属区和有毒垃圾区。另建一个垃圾生态焚化平台，对经分拣后的不可回收垃圾送入焚化平台焚烧。

4. 构建了稳定的运行资金保障体系

南洲村生活垃圾收集处理系统所需资金主要包括两部分，一是建设垃圾分拣中心和焚烧平台的一次性投入26万元，二是日常运行费用，以保洁人员工资为主，每年需10万元左右。在资金筹措方面，南洲村采取了镇和村两级投入、上级其他补贴、村民自筹、企业赞助、社会捐赠等多种方式。其中，村民自筹部分按常住人口（五保户和低保户除外）每人每年10元的收取，这样既增强了村民参与环境治理的责任心，又补充了运行经费的不足。

5. 抓住了群众环境教育的关键核心

农村环境综合整治说到底是农民自己的事，周围的环境整洁了，受益的是生活在其中的群众。南洲村意识到农民对改善农村环境的主体作用，充分利用村村响等宣传平台，开展公民环境意识教育，要求农户完成初级分类，并将袋装垃圾摆在屋外固定地点，同时教育村民不在田野随意丢弃垃圾。此外，引导农户在房屋四周种植花草，使家园花团锦簇，环境宜人。对散养鸡户，使用通透式栅栏限制鸡的活动范围，保证了乡村道路的清洁。绝大部分农民通过垃圾分类处理感受到了举手之劳就能让身边的环境改变，从内心开始支持这项工作，这也是南洲村的生活垃圾处理能够坚持下来的内生动力。

三、南洲村模式的完善。

南洲村通过多年实践，基本形成了较为完整的生活垃圾处理体系，但也存在一些问题没有得到妥善解决，可以进一步完善。

1. 加强垃圾投放点规划，进一步降低运行成本。

首先是要求每户自行建好高标准的菜叶残食等生物质垃圾堆沤池，为产生量最大的农村生活垃圾找到出路。其次，确定好路段或洼地等并公告，农户家若产生建筑垃圾，必须就近拉到指定填埋地点。最后，规划好垃圾袋投放点，由农户每天自行前往投放，而不是保洁员上门收集。农户再往前走一公里，垃圾更集中，这样可减少保洁员数量，其外卖可回收垃圾收入也更高，从而减轻了村集体应付工资支出，对经济不发达村庄更加可行。

2. 将部分生产垃圾纳入回收体系。

施用农药、化肥是最基本的农业生产活动，尤其是喷洒农药，品种多，量也在增加，包装容器有玻璃瓶和塑料瓶两种，具有回收价值。最可行的措施是在农户集中居住地的路口有规划地建设几个回收池，要求农户打完农药后将药瓶带回，投入回收池中，由保洁员按有毒有害垃圾收集并联系专业机构处置。

3. 完善垃圾分拣中心的功能。

在合适地点新建或利用废弃建筑物改造成垃圾分拣中心很有必要，这是垃圾集中分类基本的工作场所。分拣中心要进行合理的功能设计，包括车辆上下货物停放点、分拣工作区、仓库等，特别是考虑增加一个有顶篷的晾晒区域。雨天收回的垃圾可能是含水的，应晾干后再分类，以改善保洁员的工作环境。另外再建一个较大的堆肥池和焚烧池，防止有些农户分类不彻底，餐厨垃圾到了分拣中心，设计最后处理屏障。

4. 加强与外界回收体系的对接。

南洲村提出了"垃圾不出村"的理念，并自建了焚烧炉，产生的废气经水吸收后外排。在现场也看得到，炉易发生故障而散发恶臭，废气污染转化为水污染，飞灰、炉渣、废水等都没有得到有效处置。在土法焚烧技术不成熟，特别是炉温控制不好的情况下，提倡将已最大程度减量的垃圾外运出村，纳入全县的统一填埋或焚烧发电处理。不能消灭了可视的固体垃圾，又产生新的飞灰、废气、废水等污染。从生活垃圾中还应分拣出废旧电池等危险废物，目前暂存于仓库，要联系社会上的专业处理机构定期回收，不能混合于普通生活垃圾中一并处理。

四、南洲村模式的思考。

南洲村的农村生活垃圾处理模式投入不大，但效率高，运行稳定，可复制、易推广，对建设美丽乡村、推进农村环境综合整治等具有借鉴意义，应继续完善相关机制体制，提高农村环境安全水平。

1. 培养群众自觉参与垃圾分类的主体意识。

村民既是垃圾的受害者，又是垃圾的产生者。为实现农村生活垃圾资源化和减量化的目标，要充分发动群众在家里高质量地完成第一次分类，从而提高后续分拣效率，并降低处置成本。

南洲村的经验表明，农民不是不能接受新思想，关键在于用什么方式教育和引导。农村生活垃圾分类不涉及高科技，培训几次后老幼都能接受，重在给压力，形成习惯。每个农户管住自己的庭院，不给村、组添麻烦，农村环境就干净了。

2. 农村生活垃圾回收要做系统设计。

对农村生产生活产生的垃圾应最大限度地就地消化，但废旧电池等危险物品一般要出村回收，然而目前的回收渠道不畅。为真正实现生活垃圾处理无害化原则，政府有关部门应当开展系统研究，采取有效措施，从收集、转运、储存、处置等各个环节着手，建立完整的回收与监管体系，使各个环节无缝对接，每类垃圾都有对应的出口，特别是有些企业的回收网点要下延到村级。

3.丰富农村生活垃圾处理模式。

湖南很多县（市、区）都已开展大规模的农村环境综合整治、美丽乡村建设工作，工作模式多种多样，有的整体外包，购买环境服务，也有像南洲村这样独立运行的成功范例。各种模式的差异在前端，也就是村以下，村以上的收集、处置等因已有规模，模式便于统一。具有探索意义的是村以下如何分类，各地还要因地制宜，设计好的分类路径，保证农户参与进来，流水作业顺畅，最后垃圾按类分开，而且成本是村集体经济能够承受的。要发现好的典型面向全省推广，供条件类似的村庄参考。

4.建立多元化的筹资保障体系。

经费保障到位是每项工作顺利开展的必要条件。目前，国家和地方各级财政安排了各种涉农资金，应整合起来解决突出的农村问题，但村多钱少，基层自筹应是主渠道，村民也要以工代资等，形成政府主导、多元投入的资金保障格局。农户分类越细越准确，后面的工作量和资金需求越少，在节省开支方面潜力最大，要通过用巧劲降成本。